Informatik-Fachberichte 145

Herausgegeben von W. Brauer
im Auftrag der Gesellschaft für Informatik (GI)

Kurt Rothermel

Kommunikationskonzepte für verteilte transaktionsorientierte Systeme

Springer-Verlag
Berlin Heidelberg New York
London Paris Tokyo

Autor

Kurt Rothermel
IBM Deutschland GmbH, WT LILOG/Abt. 3504
Postfach 800880, D–7000 Stuttgart 80

CR Subject Classifications (1987): C.2.2, C.2.4, D.4.4, H.2.4

ISBN 3-540-18272-1 Springer-Verlag Berlin Heidelberg New York
ISBN 0-387-18272-1 Springer-Verlag New York Berlin Heidelberg

CIP-Kurztitelaufnahme der Deutschen Bibliothek. Rothermel, Kurt: Kommunika-
tionskonzepte für verteilte transaktionsorientierte Systeme / Kurt Rothermel. –
Berlin; Heidelberg; New York; Tokyo: Springer, 1987
(Informatik-Fachberichte; 145)
ISBN 3-540-18272-1 (Berlin ...)
ISBN 0-387-18272-1 (New York ...)
NE: GT

Repro– u. Druckarbeiten: Weihert-Druck GmbH, Darmstadt
Bindearbeiten: Druckhaus Beltz, Hemsbach/Bergstraße
2145/3140–543210

VORWORT

Diese Arbeit entstand während meiner Tätigkeit als wissenschaftlicher Mitarbeiter am Institut für Informatik der Universität Stuttgart.

Herrn Prof. Dr. E. J. Neuhold danke ich, daß er - trotz der zeitweise großen räumlichen Distanz - diese Arbeit wissenschaftlich betreut hat. Herrn Prof. Dr. A. Reuter möchte ich für die Übernahme des Mitberichts danken. Beide haben durch viele Anregungen und Hinweise wesentlich zu dieser Arbeit beigetragen.

Meinen Kollegen aus der Abteilung Anwendersoftware danke ich für die gute Zusammenarbeit und die vielen fruchtbaren Diskussionen. Besonders danken möchte ich Prof. Dr. B. Walter, der sich mit sehr viel Engagement mit dieser Arbeit auseinandergesetzt und mit seinen zahlreichen Anregungen entscheidend zu ihrem Gelingen beigetragen hat.

N. Duppel, F. Haberhauer, G. Schiele und H. Zeller möchte ich dafür danken, daß sie mit großem Einsatz und viel Eigeninitiative die meisten der in dieser Arbeit beschriebenen Funktionen im Rahmen ihrer Studien- und Diplomarbeiten implementiert haben.

Schließlich danke ich meiner Frau Silvia für ihre moralische Unterstützung und ihr großes Verständnis während dieser Zeit.

Stuttgart, Juli 1987   K. Rothermel

KURZFASSUNG

Die Art der zur Implementierung eines Systems herangezogenen Kom-
munikationsmechanismen haben einen sehr starken Einfluß sowohl
auf die Effizienz als auch auf die Komplexität des Systems. Die
vorliegende Arbeit behandelt Kommunikationskonzepte und -funk-
tionen, die die Interaktionsmuster und Verarbeitungsstrukturen
verteilter transaktionsorientierter Systeme in geeigneter Weise
unterstützen. Die vorgestellten Funktionen lassen sich in zwei
Klassen einteilen, allgemeine Kommunikationsfunktionen und
Transaktionsmanagement-Funktionen.

Bei den allgemeinen Kommunikationsfunktionen handelt es sich im
wesentlichen um Adressierungs- und Nachrichtentransferfunktionen.
Die ersteren basieren auf dem Konzept der Funktionalen Port-
Klassen und erlauben eine für transaktionsorientierte Verarbeitungsstrukturen adäquate Art der Adressierung. Die Nachrichtentransferfunktionen sind allgemein und flexibel genug, um
die Vielzahl der transaktionsorientierten Kommunikationsmuster
effizient implementieren zu können.

Die Transaktionsmanagement-Funktionen koordinieren die Initiierung, Migration und Terminierung von Transaktionen. Darüberhinaus
verwalten sie Transaktionszustandstabellen, auf die von der
Anwendung zu Recovery-Zwecken zugegriffen werden kann. Im
zugrunde gelegten Transaktionsmodell können Transaktionen
geschachtelt sein, d.h. Transaktionen können Teiltransaktionen
enthalten, die wiederum geschachtelt sein können. Durch die
Bereitstellung dieser relativ komplexen Funktionen kann die
Implementierung verteilter Systeme wesentlich vereinfacht werden.

Neben einer ausführlichen Diskussion der Kommunikationskonzepte
beschreibt die vorliegende Arbeit die zur Implementierung dieser
Konzepte notwendigen Protokolle und Strukturen. Außerdem wird der
Vorschlag der ISO für die Synchronisation, das Recovery und das
Commitment in Offenen Systemen vorgestellt und mit dem in dieser
Arbeit beschriebenen Ansatz verglichen.

INHALTSVERZEICHNIS

1. EINLEITUNG

1.1 MOTIVATION UND ANSATZ

Das 'Wunschsystem' eines Programmierers ist ein System, in dem niemals Störungen auftreten, und in dem es niemals zu Interferenzen zwischen konkurrierenden Aktivitäten kommt. Die aus Störungen und Interferenzen resultierende Problematik erhöht die Komplexität der Programmierung wesentlich. Dies gilt in besonderem Maße für verteilte Systeme, in denen Aktivitäten über mehrere (autonome) Systemkomponenten verteilt sein können.

Das Bestreben, die durch Störungen und Interferenzen entstehenden Probleme von den Benutzern eines Systems fernzuhalten, hat zur Entwicklung der Klasse der transaktionsorientierten Systeme geführt. Der Benutzer eines transaktionsorientierten Systems formuliert (oder programmiert) Transaktionen und übergibt diese dem System zur Ausführung. Eine Transaktion ist eine atomare Arbeitseinheit, die aus einer Menge logisch zusammengehörender Operationen besteht. Das System garantiert, daß eine Transaktion entweder vollständig oder überhaupt nicht ausgeführt wird, und daß eine parallele Ausführung von Transaktionen genau das gleiche Ergebnis liefert wie irgendeine serielle Ausführung dieser Transaktionen. Durch diese Transaktionscharakteristika wird der Benutzer von den aus Störungen und Interferenzen resultierenden Problemen isoliert - er kann sich so verhalten, als wäre er der einzige Benutzer eines Systems, in dem durch Störungen keine Inkonsistenzen entstehen können.

In verteilten transaktionsorientierten Systemen (Abk. VTOS) kann die Ausführung einer Transaktion über mehrere Knoten des Systems verteilt sein. Die Knoten eines VTOS sind über ein Netzwerk miteinander verbunden und bestehen jeweils aus einem oder mehreren Prozessoren und lokalem Speicher (eine detailierte Beschreibung folgt in Kap. 2). Die wohl am bekanntesten VTOS sind die verteilten Datenbanksysteme, wie etwa R[*] /Wil182/,

SDD-1 /Rotn80/, ENCOMPASS /Borr81/ oder POREL /Neuh82/. Aber auch in anderen Anwendungsbereichen sind VTOS zu finden. Beispiele dafür sind verteilte Betriebssysteme, wie etwa CLOUDS /Allc83/ oder TABS /Spec84/ oder verteilte Dateisysteme, wie XDFS /Stur80/ oder EDEN /Jess82/. Da einerseits ein Trend zu verteilten Systemen zu verzeichnen ist und andererseits an die Zuverlässigkeit von Systemen immer höhere Anforderungen gestellt werden, ist zu erwarten, daß VTOS in Zukunft immer mehr Verbreitung finden werden.

Die Knoten eines VTOS kooperieren und kommunizieren zum Zwecke der Transaktionsverarbeitung. Die dazu erforderlichen Kommunikationsprimitiven sollten einerseits allgemein und flexibel genug sein, um die Vielzahl der in VTOS auftretenden Kommunikationsstrukturen effizient implementieren zu können, andererseits sollten sie jedoch nicht zu einfach sein, da bedingt durch eine zu geringe Komplexität dieser Primitiven die Implementierung (komplexer) Systeme schwierig und zeitaufwendig werden kann. Während bisher in vielen Problembereichen der VTOS, wie z.B. der Query-Optimierung, der Synchronisation oder dem Recovery, intensive Forschungsarbeit geleistet wurde, wurde die Problemstellung 'Kommunikation in VTOS' kaum behandelt. Dies äußert sich am deutlichsten darin, daß die meisten VTOS auf Kommunikationssystemen aufgebaut sind, die vom Konzept her für ganz andere Anwendungsklassen entwickelt wurden. Bleibt der in der vorliegenden Arbeit vorgestellte Ansatz unberücksichtigt, so kommen für die Unterstützung der Kommunikation in VTOS zwei Klassen von Systemen in Frage, entweder allgemeine Kommunikationssysteme, wie etwa ARPANET /McQu77/, DECNET /Weck80/, SNA /Cyps78/ oder PUP /Lamp81b/, oder die erst in neuer Zeit entwickelten verteilten transaktionsorientierten Betriebssysteme, wie z.B. TABS /Spec84/, LOCUS /Muel83/ oder CLOUDS /Allc83/.

Die meisten der existierenden VTOS bauen auf allgemeinen Kommunikationssystemen (Abk. KS) auf. Die Mehrzahl der KS stellen sogenannte verbindungsorientierte Kommunikationsdienste bereit. Bei der Benutzung solcher Dienste läuft die Interaktion zwischen

Kommunikationspartnern in drei Phasen ab: In der ersten Phase, der Verbindungsaufbauphase, einigen sich die Kommunikationspartner über die Charakteristika der gewünschten Verbindung und bauen, falls eine Einigung zustande kommt, eine Verbindung auf; in der zweiten Phase, der Datentransferphase, übertragen sie eine Serie von Dateneinheiten, und in der dritten Phase, der Verbindungsabbauphase, beenden sie explizit ihre Interaktion durch den Abbau der Verbindung. Diese Art der Kommunikation ist für relativ langlebige stromorientierte ('stream oriented') Interaktionen in stabilen Konfigurationen geeignet, wie etwa für 'File Transfer'oder 'Remote Job Entry'-Anwendungen. Für transaktionsorientierte Interaktionen ist die verbindungsorientierte Kommunikation jedoch zu unflexibel und zu teuer.

Manche KS bieten (zusätzlich) sogenannte Datagram-Dienste an. Diese Dienste erlauben das Übertragen einer Dateneinheit in einer einzigen Operation, ohne daß dabei eine Verbindung auf- bzw. abgebaut werden muß. Datagram-Dienste garantieren keine zuverlässige Datenübertragung, d.h. Nachrichten können verloren gehen, dupliziert werden und in beliebiger Reihenfolge beim Empfänger ankommen. Obwohl diese Dienste sehr allgemein und flexibel sind, bilden sie bedingt durch ihre geringe Komplexität nicht die geeignete Grundlage für die Entwicklung von VTOS. Implementierungen, die nur Datagram-Dienste benutzen, werden zu schwierig und zeitaufwendig.

Auf die Bedürfnisse von VTOS zugeschnittene Kommunikationsdienste werden von den existierenden KS entweder überhaupt nicht oder nur sehr rudimentär realisiert. Daß solche Dienste benötigt werden, sieht man am besten daran, daß sehr viele der auf KS implementierten VTOS zusätzlich sogenannte Schnittstellenmodule realisiert haben. Diese Schnittstellenmodule passen die vom KS bereitgestellten 'allgemeinen' Dienste den Bedürfnissen der jeweiligen transaktionsorientierten Anwendung an. Beispiele für solche Schnittstellenmodule sind das RELNET von SDD-1 /Hamm80/, der COMMUNICATION MANAGER von R* /Lind84/ und das ENHANCED NETWORK des von der Computer Corporation of America entwickelten

ADA-kompatiblen verteilten Datenbankmanagers /Chan83/. Jeder dieser Schnittstellenmodule ist auf die jeweilige systemspezifische Umgebung zugeschnitten und kann deshalb nicht auf andere Systeme übertragen werden.

Die andere Alternative, die zur Unterstützung der Kommunikation in VTOS herangezogen werden kann, ist die Klasse der verteilten transaktionsorientierten Betriebssysteme (Abk. VTOBS). Die Systeme dieser Klasse unterstützen die Verarbeitung von atomaren Transaktionen in einer verteilten Umgebung. Die von einem VTOBS realisierten Basisfunktionen können ganz grob in die Klasse der Koordinierungsfunktionen und in die Klasse der Recovery- und Synchronisationsfunktionen (Abk. R/S-Funktionen) eingeteilt werden. Die Koordinierungsfunktionen koordinieren die Initiierung, Migration und Terminierung von Transaktionen, während die R/S-Funktionen die Synchronisation und das (lokale) Daten-Recovery in VTOS unterstützen. Die VTOBS integrieren die Koordinierungs- und R/S-Funktionen zu komplexen Funktionen und stellen diese an ihrer Schnittstelle dem Benutzer zur Verfügung. Ein typisches Beispiel für eine solche komplexe Funktion ist eine 'Abort'-Funktion, die nicht nur alle Knoten, auf denen die Transaktion aktiv ist, vom Abbruch der Transaktion benachrichtigt, sondern auch automatisch alle Änderungen der Transaktion auf diesen Knoten ausblendet und sämtliche Betriebsmittel der Transaktion freigibt.

Leider stellen die existierenden VTOBS keine allgemeinen und flexiblen Kommunikationsprimitiven bereit, sondern realisieren ausschließlich komplexe Funktionen, die nur eine begrenzte Anzahl von Kommunikationsstrukturen unterstützen. Ein weiterer Nachteil von VTOBS ist darin zu sehen, daß diese Systeme an ihrer Schnittstelle Koordinierungs- und R/S-Funktionen nicht getrennt und unabhängig voneinander, sondern nur in integrierter Form zur Verfügung stellen, was auf Kosten der Flexibilität dieser Systeme geht. Ein Beispiel dafür ist die oben beschriebene 'Abort'-Funktion, die eine Integration von Koordinierungs-, Recovery- und Synchronisationsfunktionen darstellt: es werden nicht nur alle an der abgebrochenen Transaktion beteiligten Knoten benachrichtigt, sondern es werden auch alle Änderungen der Transaktion rückgängig gemacht und die von der Transaktion reservierten Betriebsmittel freigegeben. Die existierenden VTOBS erscheinen daher wenig geeignet, ein wirklich breites Spektrum von transaktionsorientierten Anwendungen effizient unterstützen zu können.

Weder die existierenden KS noch die derzeitig verfügbaren VTOBS scheinen die geeignete Grundlage für die Unterstützung der in VTOS auftretenden Kommunikationsstrukturen zu sein. Angesichts der Tatsache, daß die in einem System benutzten Kommunikationskonzepte einen starken Einfluß auf die Effizienz und Komplexität des Systems haben, erscheint die Entwicklung von Kommunikationskonzepten, die auf die Bedürfnisse transaktionsorienter Anwendungen abgestimmt sind, dringend notwendig.

In der vorliegenden Arbeit wird ein Kommunikationskern für verteilte transaktionsorientierte Anwendungen vorgestellt. Dieser Kommunikationskern, im folgenden kurz als Kern bezeichnet, realisiert eine Menge von Kommunikationsdiensten, die auf die Bedürfnisse von VTOS zugeschnitten sind. Bei der Entwicklung des Kerns wurden drei Hauptziele verfolgt:

(1) Effizienz: Der Kern soll die Vielzahl der in VTOS auftretenden Kommunikationsmuster effizient unterstützen. Insbesondere soll die Anzahl der notwendigen Nachrichtentransfers so gering wie möglich gehalten werden.

(2) Abstraktion: Transaktionsspezifische Koordinierungsfunktionen mit einem breiten Anwendungsspektrum sollen im Kern realisiert werden. Dadurch kann bei der Implementierung eines VTOS von der Realisierung solcher Funktionen abstrahiert werden, was zu einer Vereinfachung der Implementierung führt.

(3) Allgemeinheit: Der Kern soll ein möglichst breites Spektrum verteilter transaktionsorientierter Anwendungen unterstützen.

Der Kern ist nach Wissen des Autors der erste Ansatz mit einer solchen Zielsetzung. Im Rahmen dieser Arbeit wurden einige neue, auf die Erfordernisse transaktionsorientierter Anwendungen zugeschnittene Kommunikationskonzepte entwickelt:

- Der Kern basiert auf dem neuen Konzept der Funktionalen Port-Klassen. Dieses Konzept ermöglicht eine speziell auf die Erfordernisse von VTOS zugeschnittene Art der Adressierung und erlaubt darüberhinaus eine ganz neue Art des dynamischen Kreierens von Prozessen.

- Der Kern stellt eine Menge von allgemeinen und flexiblen 'Low-Level'-Funktionen bereit, die die Vielzahl der in verteilten transaktionsorientierten Anwendungen auftretenden Kommunikationsmuster effizient unterstützen. Diese Klasse von Funktionen beinhaltet neben reinen Datentransferfunktionen unter anderem auch Funktionen für die Überwachung entfernter Knoten.

- Der Kern realisiert eine Menge von 'High-Level'-Funktionen, die die Initiierung, Migration, und Terminierung von Transaktionen unterstützen. Der Kern stellt nur Koordinierungsfunktionen zur Verfügung, so daß alle R/S-Funktionen innerhalb der Anwendnug realisiert werden. Durch die Bereitstellung von Koordinierungs-funktionen seitens des Kerns, kann die Anwendung von der Realisierung solcher Funktionen abstrahieren, was die Implementierung wesentlich vereinfacht. Die 'High-Level'-Funktionen sind so konzipiert, daß sie beliebige Recovery- und Synchronisationskonzepte unterstützen, d.h. die Anwendung kann speziell auf ihre Daten und Operationen zugeschnittene R/S-Funktionen realisieren.

- Das den 'High-Level'-Funktionen zugrundegelegte Transaktions-modell unterstützt die Schachtelung von Transaktionen, d.h. eine Transaktion kann eine beliebige Anzahl von Teiltrans-aktionen enthalten, von denen jede selbst wieder beliebig viele Teiltransaktionen enthalten kann, und so weiter. Dieses Transaktionsmodell ist sehr allgemein und flexibel.

- Der Kern ist nach Wissen des Autors der erste Ansatz, der eine
Schnittstelle zwischen Koordinierungs- und R/S-Funktionen
realisiert. Durch diese strikte Trennung von Koordinierungs-
und R/S-Funktionen wird gewährleistet, daß der Kern ein sehr
breites Anwendungsspektrum hat.

Aufbauend auf den in der vorliegenden Arbeit vorgestellten Konzepten wurden in einer begleitenden Arbeit /Walt85/ Transaktionsmodelle und Betriebssystemkonzepte für fortgeschrittene
Informationssysteme entwickelt. Zusammengenommen bilden die in
den beiden Arbeiten entwickelten Konzepte und Mechanismen einen
neuen VTOBS-Ansatz, der wesentliche Probleme bestehender Ansätze
löst.

1.2 ÜBERSICHT

In der vorliegenden Arbeit wird ein Kommunikationskern für ver-
teilte transaktionsorientierte Anwendungen vorgestellt (s. auch
Rothermel, Walter /Roth84b, Walt84a, Roth86/ und Rothermel
/Roth84a, Roth84c, Roth85a, Roth85b, Roth87/). Dabei werden die
dem Kern zugrunde gelegten Konzepte ausführlich beschrieben. Auf
Implementierungsaspekte wird ebenfalls eingegangen.

In Kapitel 2 wird das in der Arbeit zugrundegelegte Architekturmodell eingeführt. Darüberhinaus wird in diesem Kapitel das
Basissystem modelliert, das die Grundlage für den Kern bildet.

Kapitel 3 führt das neue Konzept der Funktionalen Port-Klassen
ein und vergleicht es mit traditionellen Kommunikationskonzepten.
Außerdem beschreibt dieses Kapitel die vom Kern bereitgestellten
'Low-Level'-Primitiven und zeigt an einem ausführlichen Beispiel,
wie diese Primitiven benutzt werden können.

In Kapitel 4 werden neue Kommunikationskonzepte für die
Unterstützung von geschachtelten atomaren Transaktionen
vorgestellt. Dieses Kapitel beschreibt außerdem die auf diesen

Konzepten basierenden 'High-Level'-Primitiven des Kerns und demonstriert an einem ausführlichen Beispiel, wie die vorgestellten Primitiven angewendet werden können.

Implementierungsaspekte werden in Kapitel 5 behandelt. Insbesondere werden die für die Initiierung, Migration und Terminierung von Transaktionen benötigten Protokolle skizziert.

Die von der ISO vorgeschlagene Norm für die Synchronisation, das Recovery und das Commitment in Offenen Systemen /ISO84a, ISO84b/ wird in Kapitel 6 kurz vorgestellt und mit dem in dieser Arbeit vorgeschlagenen Ansatz verglichen.

In Kapitel 7 werden schließlich mögliche weiterführende Forschungsarbeiten diskutiert.

2. ARCHITEKTURMODELL UND BASISSYSTEM

Im ersten Abschnitt dieses Kapitels wird das in dieser Arbeit zugrunde gelegte Architekturmodell eines VTOS vorgestellt. Der zweite Abschnitt modelliert dann das Basissystem, das die Grundlage für den Kern bildet.

2.1 ARCHITEKTURMODELL

Abb. 2.1 zeigt die Architektur eines VTOS. Ein VTOS besteht aus den drei Komponenten Basissystem, Kern und Verteiltes Transaktionsorientiertes Anwendungssystem.

```
┌─────────────────────────────────────┐
│                                      │
│            Verteiltes                │
│      Transaktionsorientiertes        │
│         Anwendungssystem             │
│                                      │
├─────────────────────────────────────┤
│                                      │
│          Kern bestehend aus          │
│                                      │
│     ATOK-              TM-           │
│   Komponente        Komponente       │
│                                      │
├─────────────────────────────────────┤
│                                      │
│            Basissystem               │
│                                      │
└─────────────────────────────────────┘
```

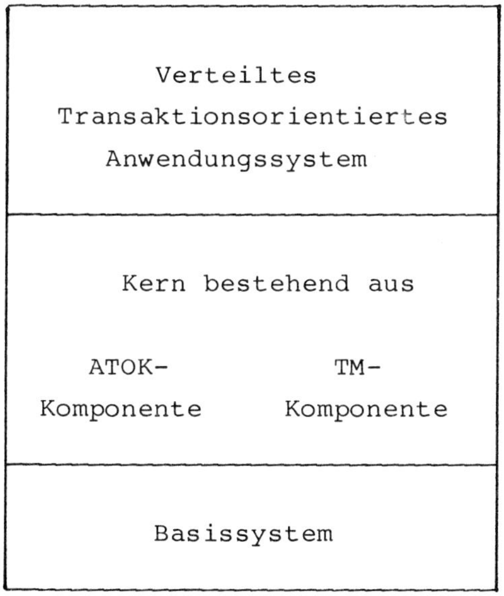

Abb. 2.1. Architekturmodell eines VTOS

Das __Basissystem__ bildet die Grundlage für den Kern. Es besteht aus Hardware und Software und stellt die für die Realisierung des Kerns benötigten Grundmechanismen zur Verfügung. In Kap. 2.2 wird das Modell des Basissystems beschrieben.

Der _Kern_ besteht aus der Allgemeinen Transaktionsorientierten
Kommunikationskomponente (Abk. ATOK-Komponente) und der Transaktionsmanagement-Komponente (Abk. TM-Komponente). Die beiden Komponenten stellen Primitiven unterschiedlicher Komplexität bereit:

- _ATOK-Komponente_: Die von der ATOK-Komponente bereitgestellten
  Primitiven sind allgemeine und flexible 'Low-Level'-Primitiven,
  die auf keine spezielles Transaktionsmodell zugeschnitten sind.
  Die ATOK-Komponente wird in Kapitel 3 ausführlich beschrieben.

- _TM-Komponente_: Die von der TM-Komponente bereitgestellten Primitiven sind 'High-Level'-Primitiven, die das Management von
  geschachtelten atomaren Transaktionen unterstützten. Die TM-
  Komponente koordiniert das Initiieren, Migrieren und Terminieren von Transaktionen und verwaltet darüberhinaus
  sogenannte Transaktionszustandstabellen. Die in diesen Tabellen
  gespeicherten Informationen werden sowohl vom Kern als auch von
  der Anwendung für Recovery-Zwecke benötigt. Die TM-Komponente
  wird in Kap. 4 ausführlich behandelt.

Das _Verteilte transaktionsorientierte Anwendungssystem_ (Abk.
VTOAS) ist das auf dem Kern aufbauende Subsystem, also das
Subsystem, das die vom Kern bereitgestellten Primitiven benutzt.
Beispiele für VTOAS sind verteilte Datenbanksysteme, verteilte
Betriebssysteme, Reservierungssysteme oder verteilte Systeme aus
dem Bürobereich. In Kap. 3.2 wird das der ATOK-Komponente zugrun-
degelegte Modell eines VTOAS vorgestellt. Eine Erweiterung dieses
Modells wird in Kap. 4.2 beschrieben.

2.2 MODELL DES BASISSYSTEMS

Das Basissystem bildet die Grundlage für den in dieser Arbeit
beschriebenen Kern. Im folgenden werden die Komponenten des
Basissystems und ihr erwartetes Störungsverhalten beschrieben.

Unter Benutzung der von Lampson eingeführten Terminologie /Lamp81a/ wird dabei zwischen Fehlern ('Errors') und Katastrophen ('Disasters') unterschieden. Die im folgenden Modell beschriebenen Störungen werden erwartet und sind im Sinne von Lampson (behebbare) Fehler. Alle Störungen anderer Art werden nicht erwartet und werden deshalb als Katastrophen betrachtet.

Das Basissystem besteht aus einer Anzahl von Knoten, die über ein Kommunikationsnetzwerk miteinander verbunden sind. Arbeitet das Netzwerk störungsfrei, so kann jeder Knoten mit jedem anderen Knoten des Systems durch Austausch von Nachrichten kommunizieren. Abb. 2.2 zeigt das Beispiel eines Basissystems mit vier Knoten. Im folgenden werden die Charakteristika der einzelnen Komponenten kurz skizziert:

Knoten:

Ein Knoten besteht aus einem Prozessor und lokalem Speicher. Ein (abstrakter) Prozessor des Modells kann in einem realen System von einem oder mehreren realen Prozessoren realisiert werden. Knoten sind unzuverlässig und können zu jedem Zeitpunkt zusammenbrechen. Jeder Knoten hat zwei Arten von Speicher, flüchtigen Speicher und stabilen Speicher. Es wird angenommen, daß der flüchtige Speicher eines Knotens bei einem Zusammenbruch des Knotens verloren geht und der stabile Speicher Knotenzusammenbrüche überlebt. Auf ein reales System übertragen entspricht der flüchtige Speicher typischerweise dem Primärspeicher aber auch Teilen des Sekundärspeichers, wie z.B. 'Paging Space' auf der Platte. Jeder Knoten wird durch einen Knoten-Identifikator global eindeutig identifiziert.

Der Zusammenbruch eines Knotens mit anschließendem Recovery entspricht dem Anhalten des Prozessors, Zurücksetzen des flüchtigen Speichers auf einen Initialzustand und erneutem Starten des Prozessors nach einiger Zeit. Es wird angenommen, daß ein Knoten beim Zusammenbruch niemals willkürlich Änderungen im stabilen Speicher durchführt oder willkürlich Nachrichten erzeugt

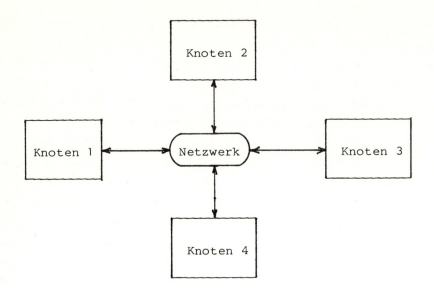

Abb. 2.2. Beispiel eines Basissystems

---

und über das Netzwerk verbreitet. Darüberhinaus wird angenommen, daß ein Knoten nicht für immer zusammenbricht, d.h. daß ein zusammengebrochener Knoten nach endlicher Zeit das Recovery durchgeführt hat.

Neben der Eigenschaft, Knotenzusammenbrüche zu überleben hat der stabile Speicher noch eine weitere wichtige Eigenschaft. Auf den in stabilem Speicher abgelegten Daten können atomare Änderungsoperationen ausgeführt werden. Eine atomare Änderung wird unabhängig von Knotenzusammenbrüchen entweder vollständig oder überhaupt nicht ausgeführt. Ein Verfahren atomaren stabilen Speicher zu realisieren, wird z.B. von Lampson und Sturgis /Lamp81a/ und Lorie /Lori77/ beschrieben.

Netzwerk:

Knoten kommunizieren miteinander, indem sie Nachrichten über ein Netzwerk austauschen. Das Netzwerk ist nicht zuverlässig, und es muß mit folgenden Kommunikationsstörungen gerechnet werden:

- Nachrichten können verloren gehen.
- Nachrichten können dupliziert werden.
- Nachrichten desselben Senders können in einer anderen Reihenfolge, als sie gesendet wurden, beim Empfänger ankommen.
- Das Netzwerk kann partitioniert sein. Es wird angenommen, daß
  eine Partitionierung nur von endlicher Dauer ist, d.h. es wird
  erwartert, daß eine Nachricht, die eine endlich lange Zeit
  periodisch gesendet wird, mindestens einmal beim Empfänger
  ankommt.

Im Modell wird angenommen, daß das Netzwerk verstümmelte
Nachrichten automatisch wegwirft, also nicht an den vorgesehenen
Empfänger ausliefert. Darüberhinaus wird angenommen, daß eine
Nachricht einfach weggeworfen wird, wenn die Empfangspuffer des
Zielsystems voll sind.

Das Netzwerk kann in einem realen System durch ein lokales Netzwerk ('Local Area Network'), ein Fernnetz ('Wide Area Network)'
oder durch eine Verbindung von Netzwerken ('Interconnection
Network') repräsentiert werden. Über die Art der vom Netzwerk
bereitgestellten Kommunikationsdienste macht das Modell keine
Aussage. Im Hinblick auf eine effiziente Implementierung der in
dieser Arbeit beschriebenen Mechanismen wäre es jedoch wünschenswert, daß das Netzwerk einfache Dienste für verbindungslosen
Datentransfer (sogenannte Datagram-Dienste) zur Verfügung stellt.
Eine weitere Effizienzsteigerung könnte durch die Bereitstellung
von Multicast-Funktionen erreicht werden (siehe auch Diskussion
in Kap. 3.3.4).

3. DIE ATOK-KOMPONENTE

In diesem Kapitel wird die $\underline{A}$llgemeine $\underline{T}$ransaktions$\underline{o}$rientierte $\underline{K}$ommunikationskomponente (Abk. ATOK-Komponente) beschrieben. Mit dieser Komponente wird das Ziel verfolgt, eine geeignete Grundlage für eine effiziente Implementierung eines möglichst breiten Spektrums von VTOAS zu schaffen. Daher wird bei den von der ATOK-Komponente angebotenen Primitiven der Schwerpunkt auf Allgemeinheit und Flexibilität gelegt. Während die von der TM-Komponente des Kerns bereitgestellten Primitiven auf ein bestimmtes Transaktionsmodell zugeschnitten sind, sind die ATOK-Primitiven zur Realisierung von Systemen mit beliebigen Transaktionsmodellen geeignet.

Im ersten Abschnitt dieses Kapitels wird eine Übersicht über existierende Kommunikationskonzepte und die Motivation für das neue, vom Kern unterstützte Konzept der Funktionalen Port-Klassen gegeben. Das der ATOK-Komponente zugrundegelegte Modell eines VTOAS wird im zweiten Abschnitt beschrieben. In diesem Abschnitt werden auch die neuen Konzepte der Funktionalen Port-Klassen und der Event Ports eingeführt. Der dritte Abschnitt beschreibt die von der ATOK-Komponente bereitgestellten Primitiven und diskutiert verschiedene Konzepte der Nachrichtenübertragung im Hinblick auf ihrer Eignung für eine effiziente Realisierung von VTOAS. Das Kapitel schließt mit einer kurzen Zusammenfassung.

3.1 ÜBERSICHT ÜBER KOMMUNIKATIONSKONZEPTE UND MOTIVATION

In nachrichtenorientierten Systemen erfolgt die Kommunikation zwischen Prozessen durch Nachrichtenaustausch, d.h. Prozesse kommunizieren miteindander durch das Senden und Empfangen von Nachrichten. Die Kommunikation zwischen Prozessen kann direkt oder indirekt sein.

Bei der direkten Kommunikation wird der Identifikator des Prozesses, mit dem kommuniziert werden soll, explizit angegeben.

Die Adressierung kann entweder symmetrisch oder asymmetrisch erfolgen. Bei der symmetrischen Adressierung muß sowohl der Sender den Empfänger als auch der Empfänger den Sender identifizieren, d.h. der Sender gibt beim Aufruf der Sendeprimitive an, welcher Prozeß die Nachricht empfangen soll, und der Empfänger spezifiziert beim Aufruf der Empfangsprimitive von welchem Prozeß er eine Nachricht empfangen will. Bei der asymetrischen Adressierung muß der Sender den Empfänger benennen, aber nicht umgekehrt. Dies hat den Vorteil, daß der Empfänger nicht mehr alle potentiellen Sender a priori kennen muß, es hat aber auch den Nachteil, daß der Empfänger nicht mehr selektiv auf die Nachrichten einzelner Prozesse zugreifen kann. Das Konzept der direkten Kommunikation mit asymmetrischer Adressierung wird z.B. in SUPPOSE /Brit80/, STARMOD /Cook80/ und Distributed Processes /BrHa78/ verwirklicht, während z.B. in Communicating Sequential Processes (CSP) /Hoar78/ und Network System Language (NSL) /Tari79/ das Konzept der direkten Kommunikation mit symmetrischer Adressierung zugrunde gelegt wird.

Direkte Kommunikation ist einfach zu implementieren und zu benutzen. Leider ist jedoch diese Art der Kommunikation für einige in VTOAS häufig auftretende Interaktionsformen wenig geeignet. Ein Beispiel dafür ist die Client/Server-Beziehung, die ein wichtiges Paradigma für die Prozeßinteraktion in VTOAS darstellt. In diesem Paradigma bietet eine Menge von identischen Server-Prozessen, im folgenden als Server-Cluster bezeichnet, einer Menge von Client-Prozessen einen Dienst an. Ein Client kann die Erbringung eines Dienstes anfordern, indem er an einen Prozeß des Server-Clusters eine Auftragsnachricht sendet. Empfängt ein Server-Prozeß einen Auftrag von einem Client, so bearbeitet er den Auftrag und sendet (falls notwendig) eine Antwort zu diesem Client zurück.

Existieren für das Server-Cluster mehrere Clients, so sollten die Prozesse des Server-Clusters in der Lage sein, durch einen Aufruf der Empfangsprimitive die Nachricht _irgendeines_ dieser Clients empfangen zu können. Besteht umgekehrt das Server-

Cluster aus mehr als einem Prozeß, so sollte die von einem Client benutzte Sendeprimitive eine Nachricht erzeugen, die von irgendeinem Prozeß des Server-Clusters empfangen wird. Das heißt, daß die direkte Kommunikation mit symmetrischer Adressierung für die Client/Server-Interaktion nur dann geeignet ist, wenn jedes Server-Cluster aus genau einem Prozeß besteht und jedem Server-Cluster genau ein Client zugeordnet ist. Die direkte Kommunikation mit asymmetrischer Adressierung unterstützt wohl das Vorhandensein mehrerer Clients pro Server-Cluster, ist aber für Multiprozeß-Server-Cluster wenig geeignet.

Eine Erweiterung des Konzepts der direkten Kommunikation wurde in MSG /Thom76/ realisiert. MSG unterstützt zwei Arten der (asymmetrischen) Adressierung, generische und spezifische Adressierung. Während eine spezifische Adresse genau einen Prozeß identifiziert, bezeichnet eine generische Adresse eine Klasse von Prozessen, aus der irgendein Prozeß als Zielprozeß ausgewählt wird. Mit Hilfe der generischen Adressierung kann nun auch das Multi-Client/Multiprozeß-Server-Cluster Problem einfach gelöst werden: Alle Prozesse eines Server-Clusters werden zu einer Prozeßklasse zusammengefaßt. Ein Client identifiziert nun mittels einer generischen Adresse das Server-Cluster, aus dem vom Zielsystem irgendein Server-Prozeß als Empfänger ausgewählt wird.

Beim Konzept der indirekten Kommunikation kommunizieren Prozesse indirekt über Nachrichtenbehälter, die häufig als Ports, Mailboxes oder Gates bezeichnet werden. Da die symmetrische Adressierung bei der indirekten Kommunikation eine eher untergeordnete Rolle spielt, wird im folgenden nur auf die asymmetrische Adressierungsvariante eingegangen (eine Beschreibung der indirekten Kommunikation mit symmetrischer Adressierung ist z.B. in /Moha81/ zu finden). Ein Prozeß kann eine Nachricht an einen Port senden und eine Nachricht an einem Port empfangen. Bei diesem Konzept identifiziert weder der Sender den Emfänger noch der Empfänger den Sender. Mehrere Prozesse können Nachrichten an denselben Port senden, und umgekehrt können

mehrere Prozesse Nachrichten an demselben Port empfangen. Dieses
Kommunikationskonzept wurde von Balzer /Balz71/ eingeführt und
in vielen existierenden Systemen, wie z.B. ACCENT /Rash81/,
AMOEBA /Tane81a/ oder COSIE /Terr83/, verwendet.

Mit dem Konzept der indirekten Adressierung kann das Multi-
Client/Multiprozess-Server-Cluster Problem sehr einfach gelöst
werden. Jedem bereitgestellten Dienst wird ein Port zugeordnet.
Die Clients, die einen Dienst benötigen, senden ihre Aufträge zu
dem Port dieses Dienstes. Die Prozesse des Server-Clusters, das
diesen Dienst implementiert, empfangen die Aufträge an diesem
Port.

Bisher wurde angenommen, daß ein Auftrag von jedem beliebigen
Prozeß eines Server-Clusters ausgeführt werden kann. Diese
Annahme kann für VTOAS im allgmeinen nicht gemacht werden. In
dieser Klasse von Systemen ist es häufig so, daß jeder Prozeß
eines Clusters einer oder mehreren Transaktionen zugeordnet
ist und nur Aufträge dieser Transaktionen bearbeitet. Zum
Beispiel kann ein Server-Cluster so organisiert sein, daß pro
Transaktion, die den von diesem Cluster angebotenen Dienst
benötigt, ein individueller Prozeß kreiert wird, der alle
Aufträge dieser Transaktion ausführt und anschließend zerstört
wird. Solche transaktionsspezifischen Organisationsformen sind
mit den bisher beschriebenen Kommunikationskonzepten nur sehr
schwer und umständlich zu realisieren.

Dagegen können mit dem neuen Konzept der Funktionalen Port-
Klassen solche transaktionsspezifischen Organisationsformen sehr
einfach und effizient realisiert werden. Unabhängig von der Orga-
nisationsform der Server-Cluster existiert pro Dienst eine Funktionale Port-Klasse, deren Identifikator ein Client kennen muß,
wenn er den Dienst beanspruchen will. Dieses neue Konzept
erlaubt eine auf die Kommunikationsstrukturen von transaktionsorientierten Systemen zugeschnittene Art der Adressierung und
macht Systeme robust gegen Modifikationen der Binnenstruktur von
Servern.

3.2 MODELL EINES VERTEILTEN TRANSAKTIONSORIENTIERTEN ANWENDUNGSSYSTEMS

In diesem Kapitel wird das der ATOK-Komponente zugrundegelegte Modell eines VTOAS beschrieben. Die Grundobjekte des Modells sind Transaktionen, Prozesse, Prozeß-Cluster, Message Ports, Event Ports und Funktionale Port-Klassen. Im ersten Abschnitt dieses Kapitels werden die Objekte Transaktion, Prozeß und Prozeß-Cluster vorgestellt. Darüberhinaus werden in diesem Abschnitt einige in VTOAS häufig auftretende Organisationsformen von Prozeß-Clustern beschrieben. Der zweite Abschnitt behandelt Message Ports und diskutiert die Benutzung dieses Port-Typs im Kontext von VTOAS. Das Konzept der Funktionalen Port-Klassen wird im dritten Abschnitt eingeführt. Der vierte Abschnitt beschreibt das Konzept der Event Ports und diskutiert, wie dieser Port-Typ zur Definition von Ereignissen benutzt werden kann. Das Kapitel schließt mit einem ausführlichen Beispiel einer Anwendung der eingeführten Objekte.

3.2.1 Transaktionen, Prozesse und Prozeß-Cluster

Der Begriff der Transaktion wird in der Literatur mit unterschiedlichster Semantik benutzt. In diesem Modell hat eine Transaktion dieselbe Bedeutung wie im Kontext von Datenbanksystemen: eine Transaktion ist eine atomare Arbeitseinheit, die aus einer Menge logisch zusammengehörender Operationen besteht (s. z.B. /Davi78, Eswa76, Gray78/). Die Operationen einer Transaktion können auf verschiedenen Knoten des Systems ausgeführt werden, d.h. an der Ausführung einer Transaktion können mehrere Knoten beteiligt sein. Jede Transaktion wird durch einen global eindeutigen Transaktionsidentifikator (Abk. TransaktionsId) identifiziert.

Dieses sehr allgemeine Modell einer Transaktion ist für die Beschreibung der ATOK-Komponente völlig ausreichend. Das von der TM-Komponente unterstützte Modell der geschachtelten Transaktion

(s. Kap. 4.2.1) ist ein Spezialfall des hier beschriebenen Modells.

Die aktiven Grundkomponenten eines VTOAS sind <u>Prozesse</u>. Unter einem Prozeß wird hier die unterbrechbare Ausführung eines sequentiellen Programms verstanden. Aus der Sicht des Kerns repräsentiert ein Prozeß die kleinste Einheit für die Betriebsmittelzuteilung, wie etwa die Zuteilung von Prozessorzeit, Hauptspeicherbereichen oder E/A-Geräten. Jeder Prozeß wird durch einen lokal eindeutigen Prozeß-Identifikator (Abk. Prozeß-Id) bezeichnet.

Jeder Prozeß ist Mitglied von genau einem <u>Prozeß-Cluster</u>. Ein Prozeß-Cluster ist logisch mit einem sequentiellen Programm verbunden, das von allen Prozessen dieses Clusters ausgeführt wird, d.h. alle Prozesse eines Clusters sind Ausführungen desselben Programms. Jedes Cluster befindet sich vollständig auf einem Knoten und wird durch einen lokal eindeutigen Cluster-Identifikator (Abk. Cluster-Id) identifiziert.

Zwischen den Prozeß-Clustern eines VTOAS bestehen Client/Server-Beziehungen. Ein Cluster kann als Client und/oder als Server agieren. Ein Server-Cluster stellt eine Menge von Diensten zur Verfügung, die von einer Anzahl a priori unbekannter Client-Cluster für die Verarbeitung von Transaktionen benutzt werden. Da ein Server zur Erbringung der von ihm bereitgestellten Dienste selbst wieder Dienste von anderen Servern beanspruchen kann, ist es möglich, daß ein Server gleichzeitig als Client agiert.

Ein Client kann die Ausführung eines Dienstes anfordern, indem er einem Server, der diesen Dienst anbietet, einen Auftrag sendet und in diesem Auftrag den gewünschten Dienst spezifiziert. Jeder Auftrag wird innerhalb einer Transaktion (d.h. als Teil einer Transaktion) ausgeführt. Ist T_d die Menge der Transaktionen, zu deren Ausführung Dienst d benötigt wird, so existiert für jede Transaktion $t \in T_d$ eine Menge von Aufträgen $R_{d,t}$. Jeder Auftrag $r \in R_{d,t}$ fordert die Ausführung von Dienst d innerhalb von Transaktion t an. Der Einfachheit halber wird im folgenden angenommen, daß jeder im System zur Verfügung stehende Dienst von genau einem Server-Cluster angeboten wird. Das heißt, daß alle Aufträge $r \in R_{d,t}$ von genau einem Server-Cluster bearbeitet werden.

In einem Server-Cluster wird jeder empfangene Auftrag von genau einem Prozeß des Clusters ausgeführt. Cluster können hinsichtlich der Art, mit der die Ausführung der einzelnen Aufträge einer Transaktion auf die Prozesse des Clusters verteilt wird, unterschiedlich organisiert sein. Für ein Cluster C, das einen Dienst d anbietet, können die folgenden Eigenschaften definiert werden:

- Ein-Prozess-pro-Transaktion- (Abk. E-PpT-) Eigenschaft:
  Für jede Transaktion $t \in T_d$ gilt: Alle $r \in R_{d,t}$ werden von demselben Prozeß $p \in C$ bearbeitet. Aufträge unterschiedlicher Transaktionen können von unterschiedlichen Prozessen bearbeitet werden.

- Mehrere-Prozesse-pro-Transaktion- (Abk. M-PpT-) Eigenschaft:
  Für jede Transaktion $t \in T_d$ gilt: Jedes $r \in R_{d,t}$ kann von einem beliebigen $p \in C$ ausgeführt werden, d.h. die Aufträge von t können von unterschiedlichen Prozessen in C ausgeführt werden.

- Eine-Transaktion-pro-Prozeß- (Abk. E-TpP-) Eigenschaft:
  Für jeden Prozeß $p \in C$ gilt: solange p existiert, bearbeitet er Aufträge von genau einer Transaktion $t \in T_d$.

- Mehrere-Transaktionen-pro-Prozeß- (Abk. M-TpP-) Eigenschaft:
  Für jeden Prozeß $p \in C$ gilt: p kann Aufträge von einer Menge von Transaktionen $T' \subseteq T_d$ bearbeiten. Dabei kann ein Prozeß die Aufträge von verschiedenen Transaktionen überlappend bearbeiten, d.h. zwischen zwei Aufträgen einer Transaktion kann er Aufträge von anderen Transaktionen bearbeiten, oder er kann die Aufträge verschiedener Transaktionen sequentiell abarbeiten, d.h. er bearbeitet zuerst alle Aufträge einer Transaktion bevor er den ersten Auftrag einer anderen Transaktion bearbeitet.

	M-PpT	E-PpT
M-TpP	Typl-Cluster	Typ2-Cluster
E-TpP	Typ4-Cluster	Typ3-Cluster

Abb. 3.1. Cluster-Typen

Kombiniert man die M-PpT- und die E-PpT-Eigenschaft mit der M-TpP- und E-TpP Eigenschaft paarweise, so werden dadurch vier verschiedenen Typen von Prozeß-Clustern definiert (s. Abb. 3.1). Vor der Beschreibung der einzelnen Cluster-Typen muß noch der Begriff der 'ereignisgetriebenen Prozeßstruktur' eingeführt werden. Die Prozeßstruktur eines Clusters wird als ereignisgetrieben bezeichnet, wenn der Empfang eines Auftrags das Kreieren eines neuen Prozesses bewirken kann, d.h. eine ereignisgetriebene Prozeßstruktur ist dynamisch. Ist die Struktur eines Clusters nicht ereignisgetrieben, so heißt das, daß die Struktur des Clusters nicht direkt durch den Empfang von Aufträgen beeinflußt wird. Das heißt aber nicht, daß eine solche Struktur statisch sein muß; sie kann z.B. durch einen Lastverteilungsmonitor geändert werden, wenn durch eine signifikante Änderung der Systemlast mehr oder weniger Parallelität im Cluster erforderlich ist. Im folgenden werden die einzelnen Cluster-Typen beschrieben:

- Typl-Cluster:
  Die Prozeßstruktur dieses Typs ist nicht ereignisgetrieben. Ein ankommender Auftrag wird von irgendeinem Prozeß des Clusters ausgeführt. Umgekehrt kann jeder Prozeß Aufträge von beliebigen Transaktionen durchführen. Zum Beispiel sind in ENCOMPASS /Borr81/ und GRAPEVINE /Birr82/ die Server als Typl-Cluster realisiert.

- Typ2-Cluster:

  Die Struktur dieses Cluster-Typs ist ebenfalls nicht ereignisgetrieben. Der erste Auftrag einer Transaktion wird von einem beliebigen Prozeß des Clusters verarbeitet. Der Prozeß, der den ersten Auftrag einer Transaktion bearbeitet, führt auch alle anderen Aufträge der Transaktion aus. Umgekehrt kann jeder Prozeß des Clusters Aufträge verschiedener Transaktionen bearbeiten. Zum Beispiel sind der Transaktionsmanager in POREL /Walt84b/ und Teile von ADABAS /Härd79/ als Typ2-Cluster organisiert.

- Typ3-Cluster:

  Dieser Cluster-Typ hat eine ereignisgetriebene Prozeßstruktur. Mit der Ankunft des ersten Auftrags einer Transaktion wird ein neuer Prozeß kreiert, der dann den ersten und alle weiteren Aufträge der Transaktion bezüglich dieses Clusters ausführt. Jeder Prozeß des Clusters arbeitet im Auftrag von genau einer Transaktion und lebt nur solange, wie die von ihm bearbeitete Transaktion die Dienste des Clusters benötigt. Zum Beispiel haben die Basismaschine von POREL /Walt84b/ und große Teile von R^* /Lind84/ und INGRES /Ston77/ die Struktur eines Typ3-Clusters.

- Typ4-Cluster:

  Die Struktur dieses Cluster-Typs ist ebenfalls ereignisgetrieben. In einem Typ4-Cluster wird für jeden ankommenden Auftrag ein individueller Prozeß kreiert. Jeder Prozeß des Clusters bearbeitet genau einen Auftrag und terminiert dann. Folglich arbeitet jeder Prozeß im Auftrag von genau einer Transaktion, und umgekehrt wird jeder Auftrag einer Transaktion von einem anderen Prozeß bearbeitet. Dieser Cluster-Typ ist z.B. in XDFS /Stur80/ und ARGUS /Lisk84/ realisiert.

Im folgenden werden kurz die Stärken und Schwächen der einzelnen Cluster-Typen diskutiert. An dieser Stelle sei auch auf die Arbeiten von Härder /Härd79/ und Härder, Peinl /Härd84/ verwiesen, in denen einige der oben beschriebenen Cluster-Typen im Zusammenhang mit der Betriebssystemeinbettung von Datenbank-managementsystemen diskutiert werden. Die Aufträge einer Transaktion sind häufig kontext-sensitiv, d.h. um einen Auftrag einer Transaktion bearbeiten zu können, benötigt ein Server Informationen über andere von ihm bereits bearbeitete Aufträge dieser Transaktion. Zum Beispiel muß ein Server, der im Auftrag einer Transaktion einen Scan ausführt, zwischen den einzelnen 'Next-Tupel'-Aufträgen der Transaktion einen Kontext erhalten: um eine 'Next-Tupel'-Operation ausführen zu können, muß ein Server zumindest die aktuelle Position des Scans kennen. In Clustern, die die E-PpT-Eigenschaft haben, also Typ2- und Typ3-Cluster, kann die Kontextinformation für die Aufträge einer Transaktion im privaten Arbeitsbereich des bearbeitenden Prozesses gehalten werden. Ist dagegen die E-PpT-Eigenschaft nicht erfüllt, so sind prinzipiell zwei Vorgehensweisen möglich: entweder wird die Kontextinformation in einem Arbeitsbereich abgelegt, auf den alle Prozesse des Clusters Zugriff haben, oder der Client versorgt den Server bei jedem Auftrag mit der notwendigen Kontextinformation. Während die erste Vorgehensweise zusätzlichen Aufwand für die Synchronisation der Zugriffe auf den gemeinsamen Arbeitsbereich notwendig macht, erfordert die zweite zusätzlichen Kommunikationsaufwand für das Übertragen der Kontextinformation.

Typ1- und Typ2-Cluster haben die M-TpP-Eigenschaft. Da in einem Cluster mit dieser Eigenschaft sich jeder Prozeß selbst unter verschiedenen Transaktionen 'aufteilen' muß, sind diese Cluster-Typen schwieriger zu implementieren als Typ4-Cluster, in denen für jeden Auftrag ein individueller Prozeß kreiert wird. In Systemen, in denen das Kreieren von Prozessen teuer ist, kann die Installation eines Prozesses pro Auftrag zu einem beachtlichen Overhead führen. Ein Kompromiß in dieser Hinsicht sind die Typ3-Cluster, bei denen die Kosten für das Kreieren eines Prozesses auf mehrere Aufträge verteilt werden.

Vor der Definition der Adressschnittstelle eines Clusters muß noch der Begriff eines Dienstzugangsobjekts (Abk. DZO) eingeführt werden. Bezeichnet D die Menge der im System zur Verfügung stehenden Dienste, so existiert für jeden Dienst d ε D mindestens ein DZO. Ein Client fordert einen Dienst über ein diesem Dienst zugeordnetes DZO an, d.h. er sendet einen Auftrag zu einem DZO dieses Dienstes. In Systemen mit einem direkten Kommunikationskonzept kann ein DZO eines Dienstes (bei spezifischer Adressierung) durch einen Prozeß, der diesen Dienst realisiert, oder (bei generischer Adressierung) durch eine entsprechende Prozeßklasse repräsentiert werden. In Systemen, denen ein indirektes Kommunikationskonzept zugrunde gelegt ist, wird ein DZO eines Dienstes häufig durch einen mit dem Dienst logisch verbundenen Nachrichtenbehälter, genannt Port, Mailbox oder Gate, repräsentiert. Jedes DZO wird durch eine global eindeutige Adresse lokalisiert.

Fordert ein Client im Auftrag einer Transaktion t einen Dienst d ε D an, so wird er als Client von t bezeichnet. Aus der Sicht der Clients einer Transaktion t existiert für jeden Dienst d ε D höchstens ein DZO. Mit ADR(d,t) wird die Adresse des DZO bezeichnent, über das die Clients von Transaktion t Dienst d anfordern können, d.h. alle Aufträge r ε $R_{d,t}$ müssen zu dem DZO mit der Adresse ADR(d,t) gesendet werden. Die Adressschnittstelle eines Server-Clusters S vom Typ y ist bezüglich einer Transaktion t ε T wie folgt definiert:

$$_y\text{INTF}(S)_t = \{\text{ADR}(d,t): d \in D_S\}$$

Hierbei bezeichnen D_S die Menge der von S bereitgestellten Dienste und T die Menge der im System ausgeführten Transaktionen. Der Typ y des Server-Clusters kann entweder vom Typ1, Typ2, Typ3 oder Typ4 sein. Zum Beispiel bezeichnet $_{\text{Typ1}}\text{INTF}(S)_t$ die Schnittstelle des als Typ1-Clusters realisierten Servers S aus der Sicht von Transaktion t.

Ein Kommunikationskonzept für transaktionsorientierte Anwendungen sollte bezüglich der Adressschnittstelle eines Clusters die folgenden Forderungen erfüllen (Begründung s. u.):

- Forderung F1:
  Für alle t1, t2 ϵ T soll gelten:

  $$_y\text{INTF}(S)_{t1} = {}_y\text{INTF}(S)_{t2}$$

  D.h. die Adressschnittstelle eines Servers S soll für alle Transaktionen identisch sein.

- Forderung F2:
  Für alle t ϵ T soll gelten:

  $$_{\text{Typ1}}\text{INTF}(S)_t = {}_{\text{Typ2}}\text{INTF}(S)_t = {}_{\text{Typ3}}\text{INTF}(S)_t = {}_{\text{Typ4}}\text{INTF}(S)_t$$

  D.h. die Adressschnittstelle eines Servers S soll unabhängig davon sein, ob S als Typ1-, Typ2-, Typ3- oder Typ4-Cluster implementiert wird.

Um zu zeigen, daß es sich bei F1 und F2 um sinnvolle Forderungen handelt, wird im folgenden angenommen, daß jeder Dienst durch einen global eindeutigen Namen identifiziert wird und die Abbildung der Dienstnamen auf die DZO-Adressen von einem Name-Server realisiert wird. Der Unterschied zwischen dem Namen und der Adresse eines Objekts wird bei Shoch /Shoc78/ ausführlich diskutiert. Der Name-Server verwaltet eine Abbildungstabelle, die jedem Dienstnamen eine oder mehrere DZO-Adressen zuordnet. Mit Hilfe der vom Name-Server realisierten Funktionen können Prozesse Referenzen in die Abbildungstabelle einfügen, Referenzen löschen oder die Adressen von Diensten erfragen. Der Aufruf einer Funktion des Name-Servers kann teuer sein: befindet sich der Name-Server auf einem anderen Knoten als der rufende Prozeß, so erfordert der Aufruf mindestens zwei Nachrichtentransfers.

Ist Forderung F1 erfüllt, so enthält die Abbildungstabelle des Name-Servers für jeden Dienst genau eine Referenz (Bemerkung: der Einfachheit halber wurde angenommen, daß jeder Dienst von genau einem Server zur Verfügung gestellt wird, es also keine replizierten Dienste gibt). Wird die Adresse eines Dienstes nicht verändert, so wird pro Dienst ein Aufruf des Name-Servers für das Erzeugen der betreffenden Referenz und eventuell ein Aufruf für das Löschen der Referenz benötigt. Darüberhinaus muß ein Client, gleich wieviele Transaktionen er bearbeitet, nur einmal die DZO-Adresse eines Dienstes erfragen.

Ist dagegen Forderung F1 nicht erfüllt, so kann sowohl die Größe der Abbildungstabelle als auch die Anzahl der notwendigen Name-Server Aufrufe drastisch zunehmen. Ist z.B. die DZO-Adresse $ADR(d,t)$ eines Dienstes d für jede Transaktion $t \in T_d$ verschieden, so muß für jedes $t \in T_d$ eine Referenz für d in der Abbildungstabelle erzeugt bzw. gelöscht werden. Dazu sind für jedes $t \in T_d$ zwei Aufrufe des Name-Servers erforderlich. Darüberhinaus muß ein Client für jede von ihm bearbeitete Transaktion $t \in T_d$ die DZO-Adresse von d erneut erfragen.

Wird Forderung F2 erfüllt, so wird dadurch die Robustheit eines Systems gegenüber Modifikationen in der Binnenstruktur von Servern erhöht. Der Typ eines Clusters kann geändert werden, ohne daß sich dabei dessen Schnittstelle verändert. Ist zum Beispiel innerhalb eines Servers, der als Typ2-Cluster realisiert ist, mehr Parallelität notwendig, so kann dieser Server als Typ3-Cluster reimplementiert werden, ohne daß sich dabei seine Schnittstelle verändert.

3.2.2 Message Ports

Das Modell definiert zwei Typen von Ports: Message Ports und Event Ports. In diesem Abschnitt wird der erste Port-Typ beschrieben, während auf den zweiten später in Kap. 3.2.4 eingegangen wird. Überall da, wo aus dem Kontext der Typ des Ports klar ersichlich ist, wird für beide Typen der Begriff 'Port' benutzt.

3.2.2.1 Typen von Message Ports

Prozesse kommunizieren miteinander, indem sie Nachrichten über Ports austauschen. Ein Prozeß kann Nachrichten an einen Port senden und Nachrichten von einem Port empfangen. Jedem Port ist eine Warteschlange zugeordnet, in der sich die Nachrichten befinden, die an diesen Port gesendet aber noch nicht von einem Prozeß empfangen wurden. Ports können von Prozessen kreiert und zerstört werden. Das Modell unterscheidet zwischen zwei Typen von Message Ports:

- Private Ports:
  Ein Private Port (Abk. P-Port) ist im Besitz des Prozesses, der ihn kreiert hat. Von einem P-Port darf nur der Besitzer Nachrichten empfangen. Ein P-Port existiert höchstens so lange wie sein Besitzer und kann nur von seinem Besitzer (explizit) zerstört werden.

- Common Ports:
  Ein Common Port (Abk. C-Port) kann von Prozessen, die sich auf demselben Knoten wie der Port befinden, geöffnet und geschlossen werden. Ein Prozeß kann nur dann Nachrichten von einem C-Port empfangen, wenn er ihn geöffnet hat. Ein C-Port kann von mehreren Prozessen gleichzeitig geöffnet sein. C-Ports existieren solange bis sie explizit durch einen Prozeß zerstört werden, d.h. die Lebensdauer eines C-Ports ist nicht an die Lebensdauer eines Prozesses gebunden.

Jeder Port wird durch eine global eindeutige Port-Adresse identifiziert. Möchte ein Prozeß eine Nachricht an einen Port senden bzw. eine Nachricht von einem Port empfangen, so muß er dessen Port-Adresse kennen. In Kapitel 3.2.3 wird eine weitere Adressierungsebene eingeführt.

3.2.2.2 Ports als Dienstzugangsobjekte

In diesem Kapitel wird untersucht, ob mit einem Kommunikationskonzept, das Ports zur Repräsentation von DZO benutzt, die im
vorigen Kapitel formulierten Forderungen F1 und F2 erfüllt werden
können. Zu diesem Zweck wird ein Server S, der einen Dienst d zur
Verfügung stellt, als Typ1-, Typ2-, Typ3- und Typ4-Cluster
modelliert. Es wird angenommen, daß die Prozesse in S an einer
Menge von Ports hören, in denen <u>alle</u> von S zu bearbeitenden
Aufträge abgelegt werden. Aus der Sicht der Clients einer Transaktion $t \in T_d$ existiert für Dienst d genau ein Port, dessen
Port-Adresse ein Client kennen muß, um d anfordern zu können.

Abb. 3.2a zeigt Server S als <u>Typ1-Cluster</u> C1. Für Dienst d
existiert genau ein DZO, der durch einen C-Port repräsentiert
wird. Der C-Port ist von allen Prozessen in C1 geöffnet. Da die
Prozesse in C1 keinen exklusiven Zugriff auf die Aufträge
bestimmter Transaktionen benötigen, reicht es aus, wenn ein Port
vorhanden ist, von dem alle Prozesse in C1 Aufträge empfangen
können. Für C1 ist also Forderung F1 erfüllt:

$$\forall\ t1,\ t2 \in T_d: \text{Typ1} \text{INTF(S)}_{t1} = \text{Typ1} \text{INTF(S)}_{t2}$$

In Abb 3.2b wird S als <u>Typ2-Cluster</u> C2 skizziert. Für C2
existiert ein Manager-Prozeß, der jeder Transaktion $t \in T_d$ einen
Prozeß in C2 zuordnet. Wann und wie eine solche Zuordnung initiiert wird, ist für die folgende Diskussion uninteressant. Der
einer Transaktion t zugeordnete Prozeß, im folgenden als PROC(t)
bezeichnet, bearbeitet alle Aufträge $r \in R_{d,t}$. Jeder Prozeß in C2
besitzt einen P-Port, der ein DZO von d darstellt. Eine solche
Port-Struktur ist zwingend, da jeder Prozeß auf die Aufträge der
von ihm bearbeiteten Transaktionen exklusiven Zugriff haben muß.
Alle Aufträge $r \in R_{d,t}$ müssen zum P-Port des der Transaktion t
zugeordneten Prozesses gesendet werden. Wie leicht zu sehen ist,
ist bei C2 Forderung F1 nicht erfüllt:

$$\forall\ t1,\ t2 \in T_d: \text{PROC}(t1) \neq \text{PROC}(t2) =>$$
$$\text{Typ2} \text{INTF(S)}_{t1} \neq \text{Typ2} \text{INTF(S)}_{t2}$$

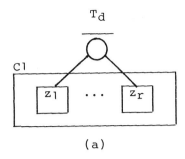

(a)

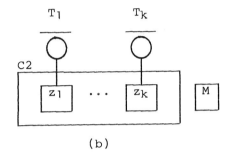

(b)

für $i=1,\ldots,k$: $T_i \subseteq T_d$

für $i,j=1,\ldots,k$: $T_i \cap T_j = \emptyset$

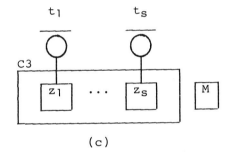

(c)

für $i=1,\ldots,s$: $t_i \in T_d$

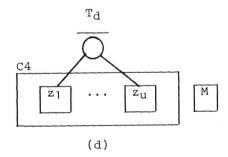

(d)

◯ ... Port; $\boxed{z_i}$ ... Prozeß i; $\boxed{M}$ ... Manager

Abb. 3.2. Server-Modelle: Repräsentation der DZO durch Ports

In Abb. 3.2c wird Server S als <u>Typ3-Cluster</u> C3 dargestellt. C3 ist ebenfalls ein Manager zugeordnet. Dieser Manager kreiert für jedes $t \in T_d$ einen Prozeß, der alle Aufträge und nur Aufträge von t bearbeitet. Wann und wie das Kreieren eines Prozesses initiiert wird, ist hier ohne Bedeutung. Ein Prozeß wird zerstört bzw. zerstört sich selbst, wenn die Transaktion, in deren Auftrag er arbeitet, Dienst d nicht mehr benötigt. Da jeder Prozeß exklusiven Zugriff auf die Aufträge der von ihm bearbeiteten Transaktion haben muß, besitzt jeder Prozeß in C3 einen P-Port, der ein DZO von Dienst d repräsentiert. Alle Aufträge $r \in R_{d,t}$ müssen zum P-Port des für Transaktion t kreierten Prozesses gesendet werden. Es ist offensichtlich, daß bei C3 Forderung F1 ebenfalls nicht erfüllt ist:

$$\forall\ t1,\ t2 \in T_d:\ t1 \neq t2 \Rightarrow\ _{Typ3}INTF(S)_{t1} \neq\ _{Typ3}INTF(S)_{t2}$$

Abb. 3.2d zeigt den Server als <u>Typ4-Cluster</u> C4. Wie bei C1 existiert hier für Dienst d genau ein DZO, das durch einen C-Port repräsentiert wird. Im Gegensatz zu C1 ist jedoch C4 mit einem Manager verbunden, der für jeden ankommenden Auftrag einen neuen Prozeß in C4 kreiert. Jeder neu kreierte Prozeß öffnet den C-Port und empfängt von diesem Port genau einen Auftrag. Nachdem ein Prozeß den empfangenen Auftrag bearbeitet hat, zerstört er sich selbst. Bei C4 ist wie bei C1 Forderung F1 erfüllt:

$$\forall\ t1,\ t2 \in T_d:\ _{Typ4}INTF(S)_{t1} =\ _{Typ4}INTF(S)_{t2}$$

Bisher wurde untersucht, ob bei den einzelnen Modellen von S Forderung F1 erfüllt ist, mit dem Ergebnis, daß nur C1 und C4 diese Forderung befriedigen. Es bleibt noch zu prüfen, ob Forderung F2 bezüglich C1, C2, C3 und C4 erfüllt ist. Aus Forderung F2 kann geschlossen werden:

$$\forall\ y1, y2 \in \{Typ1, Typ2, Typ3, Typ4\}:$$
$$(\forall\ t \in T_d:\ _{y1}INTF(S)_t =\ _{y2}INTF(S)_t) \Rightarrow$$
$$C(\ \cup\ _{y1}INTF(S)_t) = C(\ \cup\ _{y2}INTF(S)_t)$$
$$t \in T_d \qquad\qquad\qquad t \in T_d$$

Hierbei bezeichnet C(M) die Kardinalität der Menge M. Es ist offensichtlich, daß die Konklusion nur für den Spezialfall $k = C(T_d) = 1$ erfüllt ist, wobei k die Anzahl der Prozesse in C2 bezeichnet:

$$C(\cup_{t \epsilon T_d} {}_{Typ1}INTF(S)_t) = 1;$$

$$C(\cup_{t \epsilon T_d} {}_{Typ2}INTF(S)_t) = k;$$

$$C(\cup_{t \epsilon T_d} {}_{Typ3}INTF(S)_t) = C(T_d);$$

$$C(\cup_{t \epsilon T_d} {}_{Typ4}INTF(S)_t) = 1;$$

Das heißt, F2 läßt sich für S im allgemeinen nicht erfüllen, wenn Ports zur Repräsentation von DZO benutzt werden. F2 könnte rein theoretisch befriedigt werden, wenn wie in C3 auch in C1, C2 und C4 für jede Transaktion $t \epsilon T_d$ ein individueller Port kreiert würde. Dies hätte jedoch zur Folge, daß auch für C1 und C4 die Forderung F1 nicht mehr erfüllt wäre. Darüberhinaus wäre eine solche Organisation aus Gründen der Effizienz absolut untragbar. Zum Beispiel würde für C1 nun ebenfalls ein Manager benötigt, der für jedes $t \epsilon T_d$ einen Port kreiert und die Prozesse in C1 zum Öffnen dieses Ports auffordert.

Es wurde gezeigt, daß sich mit einem indirekten Kommunikations-konzept, das Ports oder entsprechende Objekte zur Repräsentation von DZO benutzt, die Forderungen F1 und F2 im allgemeinen nicht erfüllen lassen. Das gleiche gilt in verstärktem Maße für direkte Kommunikationskonzepte, die z.B. Prozesse oder Prozeßklassen als DZO benutzen. Bei der Anwendung dieser traditionellen Kommunikationskonzepte im Bereich von VTOAS existieren häufig mehrere DZO pro Dienst, von denen jedes einer oder mehreren Transaktionen zugeordnet ist. Zum Beispiel hat im Server-Modell C3 jede Transaktion $t \epsilon T_d$ ein individuelles DZO für Dienst d. Mit dem im folgenden Kapitel beschriebenen Konzept der Funktionalen Port-Klassen lassen sich die transaktionsspezifischen DZO eines

Dienstes zu einem komplexen DZO mit transaktionsspezifischen Eingängen zusammenfassen. Nach Wissen des Autors ist dies das bisher einzige Kommunikationskonzept, das einen solchen Mechanismus anbietet.

3.2.3 Funktionale Port-Klassen

In diesem Kapitel wird ein neues Konzept beschrieben (s. auch Rothermel /Roth85b/), das anstelle von Ports sogenannte Funktionale Port-Klassen (Abk. FP-Klassen) zur Darstellung von DZO benutzt. Es wird gezeigt, daß sich mit diesem Konzept die beiden in Kapitel 3.2.1 formulierten Forderungen F1 und F2 erfüllen lassen.

3.2.3.1 Entries

Eine FP-Klasse besteht aus einer beliebigen Anzahl von Ports, die sich alle auf demselben Knoten des Systems befinden. Jeder Port einer Klasse ist einer oder mehreren Transaktionen zugeordnet. Umgekehrt ist jeder Transaktion höchstens ein Port in jeder FP-Klasse zugeordnet. Der einer Transaktion in einer Klasse zugeordnete Port repräsentiert den sogenannten Entry dieser Transaktion in dieser Klasse. Zu jedem Zeitpunkt befindet sich in jeder FP-Klasse pro Transaktion maximal ein Entry, wobei ein Entry im Laufe der Zeit von verschiedenen Ports repräsentiert werden kann.

Aus der Sicht der Clients repräsentiert eine FP-Klasse ein aus mehreren transaktionsspezifischen Eingängen bestehendes DZO. Repräsentiert eine FP-Klasse k das DZO eines Dienstes d, so senden die Clients jeden Auftrag $r \in R_{d,t}$ zum Entry von Transaktion t in Klasse k. Aus der Sicht der Clients ist ein Entry einer FP-Klasse ein 'logischer Port', dessen Abbildung auf einen (realen) Port der Klasse für die Clients nicht zu sehen ist. Das heißt, die (reale) Port-Struktur einer FP-Klasse ist für die Clients nicht sichtbar - ein Client weiß zu keinem Zeitpunkt welcher

Entry von welchem Port der FP-Klasse repräsentiert wird.

Aus der Sicht eines Servers besteht eine FP-Klasse aus einer Anzahl (realer) Ports, von denen jeder den Entry einer oder mehrerer Transaktionen repräsentiert. Die Port-Struktur einer FP-Klasse ist für einen Server, der Aufträge von den Ports dieser Klasse empfängt, sichtbar, d.h. der Server weiß, welcher Entry von welchem Port repräsentiert wird, und umgekehrt welcher Port welche Entries repräsentiert.

Eine FP-Klasse wird durch eine global eindeutige FP-Klassen-adresse identifiziert. Jeder Entry hat eine zweiteilige Entry-Adresse bestehend aus einer Klassen-Adresse und einem TransaktionsId. Der Entry einer Transaktion t in einer FP-Klasse k wird durch die Entry-Adresse (k,t) global eindeutig iden-tifiziert. Für die Identifizierung von Ports stehen somit zwei Adressierungsebenen zur Verfügung:

- Port-Adressen:
  Jedem Port ist genau eine Port-Adresse zugeordnet, die mit dem Port zusammen generiert wird (s. Kap. 3.3.2.1). Eine Port-Adresse identifiziert, solange sie existiert, immer denselben Port.

- Entry-Adressen:
  Eine Entry-Adresse besteht aus einem Paar (Klassen-Adresse, TransaktionsId) und identifiziert global eindeutig den Entry einer Transaktion in einer FP-Klasse. Ein Entry wird zu jedem Zeitpunkt von genau einem Port repräsentiert. Im Laufe der Zeit kann er jedoch von verschiedenen Ports dargestellt werden.

3.2.3.2 Typen von FP-Klassen Mitgliedern

Ports können in FP-Klassen eingefügt und aus FP-Klassen entfernt werden. Obwohl ein Port im Laufe der Zeit Mitglied verschiedener FP-Klassen sein kann, ist er zu jedem Zeitpunkt Mitglied

höchstens einer FP-Klasse. Jeder Port einer FP-Klasse reprä-
sentiert den Entry einer oder mehrerer Transaktionen. Aus der
Sicht eines Servers kann ein Port einer Klasse entweder einen
Private Entry oder einen Common Entry darstellen:

- Private Entry:

  Ein Private Entry (Abk. P-Entry) ist genau einer Transaktion
  zugeordnet, d.h. ein P-Entry ist Entry von genau einer Transaktion. Jede FP-Klasse enthält höchstens einen P-Entry pro Transaktion.

- Common Entry:

  Jede FP-Klasse enthält höchstens einen Common Entry (Abk. C-
  Entry). Der C-Entry einer FP-Klasse ist der Entry aller Transaktionen, für die kein P-Entry in dieser Klasse existiert.

Der Entry einer Transaktion in einer FP-Klasse wird entweder
durch einen P-Entry oder durch den C-Entry der Klasse
repräsentiert. Bild 3.3 zeigt die Abbildung des Entries einer
Transaktion t auf die Mitglieder der Klasse. Existiert in der
Klasse ein P-Entry für t, so repräsentiert dieser Port den
Entry der Transaktion, und zwar unabhängig davon, ob in der
Klasse ein C-Entry existiert oder nicht. Existiert in der Klasse
kein P-Entry für t, so sind zwei Fälle zu unterscheiden: enthält
die Klasse einen C-Entry, so repräsentiert dieses Mitglied den
Entry von t. Ist dies nicht der Fall, so existiert in der Klasse
kein Entry für t.

		C-Entry	
		existiert	existiert nicht
P-Entry	existiert	P-Entry von t	P-Entry von t
	existiert nicht	C-Entry	------------

Abb. 3.3. Abbildung des Entries von Transaktion t auf die
Mitglieder einer FP-Klasse

Der Vorgang des Einfügens eines Ports in eine FP-Klasse wird im folgenen als Installation bezeichnet: ein Port wird entweder als P-Entry oder als C-Entry in einer Klasse installiert. Wie sich später zeigen wird, kann ein Port entweder explizit durch die Anwendung oder implizit durch den Kern installiert werden.

3.2.3.3 Typen von FP-Klassen

In diesem Kapitel werden vier verschiedene Typen von FP-Klassen vorgestellt, von denen jede für die Modellierung eines bestimmten Cluster-Typs prädestiniert ist. Wie die vorgestellten Klassentypen zur Modellierung der verschiedenen Cluster-Typen benutzt werden können, wird aus didaktischen Gründen erst im nächsten Kapitel beschrieben.

Vor der Beschreibung der verschiedenen Typen von FP-Klassen muß noch etwas Terminologie eingeführt werden. Ist $M_{k,t}$ die Menge der Nachrichten, die an den Entry von t in FP-Klasse k adressiert sind, so ist $(M_{k,t}, <)$ eine im strikten Sinne wohlgeordnete Menge, wobei

m < m': <=> Nachricht m kommt vor Nachricht m' an.

Für alle $m \in M_{k,t}$ bezeichnet $Nach_{k,t}(m)$ die Menge der Nachrichten {m' $\in M_{k,t}$: m < m'}. Eine Nachricht $m \in M_{k,t}$ ist 'nichtzielexistent', wenn in FP-Klasse k der Entry von Transaktion t nicht existiert. Das ist nur dann der Fall, wenn in k weder ein C-Entry noch ein P-Entry von t vorhanden ist. Hier wurde mit Absicht nicht der Begriff 'falschadressiert' gewählt, da wie sich später zeigen wird, eine nicht-zielexistente Nachricht durchaus richtig adressiert sein kann.

FP-Klassen werden durch die Attribute 'konservativ', 'kreativ', 'installierend' und 'nicht-installierend' charakterisiert. FP-Klassen sind entweder 'konservativ' oder 'kreativ'. Eine 'konservative' FP-Klasse erhält die Prozeßstruktur des Systems in dem Sinne, daß sie selbst keine Prozesse kreiert oder zerstört. Dagegen bilden 'kreative' FP-Klassen die Grundlage für das dynamische Kreieren von Prozessen in Clustern mit ereignisgetriebenen Prozeßstrukturen. Jede 'kreative' FP-Klasse ist logisch mit einem Prozeß-Cluster verbunden. Jedesmal wenn eine an eine 'kreative' FP-Klasse gerichtete nicht-zielexistente Nachricht ankommt, wird in dem mit dieser FP-Klasse logisch verbundenen Cluster ein neuer Prozeß kreiert. Im Gegensatz zu einer an eine 'kreative' FP-Klasse gerichteten nicht-zielexistenten Nachricht ist eine Nachricht, die an einen nicht existierenden Entry einer 'konservativen' FP-Klasse adressiert ist, falschadressiert und wird deshalb weggeworfen.

Sowohl 'kreative' als auch 'konservative' FP-Klassen lassen sich weiter in 'installierende' und 'nicht-installierende' FP-Klassen unterteilen. Während die Entries von 'nicht-installierenden' FP-Klassen nur explizit von der Anwendung installiert werden können, besteht bei den 'installierenden' FP-Klassen noch die zusätzliche Möglichkeit der impliziten Installation von Entries durch den Kern.

Kombiniert man die beiden Attribute 'kreativ' und 'konservativ' mit den Attributen 'installierend' und 'nicht-installierend', so ergeben sich daraus vier Typen von FP-Klassen:

(1) Konservative/Nicht-Installierende FP-Klassen:

Dies ist der einfachste und allgemeinste Klassentyp. Die Entries dieses Typs können nur explizit durch die Anwendung installiert werden. Konservative/Nicht-Installierende FP-Klassen sind für die Modellierung von Typ1-Clustern notwendig. Sie werden ebenfalls zur Modellierung von Typ2- und Typ3-Clustern benötigt, wenn die von diesen Clustern bereitgestellten Dienste durch mehrere FP-Klassen repräsentiert werden (s. Kap. 3.2.5).

(2) <u>Konservative/Installierende FP-Klassen:</u>

Die Entries einer FP-Klasse diesen Typs können sowohl explizit durch die Anwendung als auch implizit durch den Kern
installiert werden. Jedesmal wenn eine Nachricht im C-Entry
einer Klasse dieses Typs abgelegt wird, installiert der Kern
einen neuen Entry in dieser Klasse. Im einzelnen führt der
Kern folgende Operationen durch, wenn eine Nachricht $m \in M_{k,t}$
im C-Entry der Konservativen/Installierenden FP-Klasse k
abgelegt wird:

- Ein P-Port p wird kreiert und als P-Entry von t in k
  installiert,   d.h.   alle   folgenden   Nachrichten
  $m' \in Nach_{k,t}(m)$ werden in p abgelegt.

- Der Prozeß, der m vom C-Entry empfängt, wird automatisch
  der Besitzer von p und hat somit exklusiven Zugriff auf
  alle $m' \in Nach_{k,t}(m)$.

Konservative/Installierende FP-Klassen sind besonders zur
Modellierung von Typ2-Clustern geeignet.

(3) <u>Kreative/Installierende FP-Klassen:</u>

Die Entries einer FP-Klasse von diesem Typ können sowohl
explizit durch die Anwendung als auch implizit durch den Kern
installiert werden. Immer wenn eine an eine Kreative/Instal-
lierende FP-Klasse gerichtete nicht-zielexistente Nachricht
ankommt, wird vom Kern implizit ein neuer Entry in dieser
Klasse installiert. Im einzelnen werden vom Kern die folgenden Operationen ausgeführt, wenn eine nicht-zielexistente
Nachricht $m \in M_{k,t}$ ankommt und k eine Kreative/Installierende
FP-Klasse ist:

- Ein P-Port p wird kreiert und m darin abgelegt.

- Port p wird als P-Entry von Transaktion t in k installiert.

- In dem mit k verbundenen Cluster wird ein neuer Prozeß kreiert. Dieser Prozeß wird der Besitzer von p und hat somit exklusiven Zugriff auf m und alle folgenden Nachrichten m' $\in$ Nach$_{k,t}$(m).

Mit Kreativen/Installierenden FP-Klassen lassen sich Typ3-Cluster sehr einfach modellieren.

(4) Kreative/Nicht-Installierende FP-Klassen:

Die Entries einer FP-Klasse von diesem Typ können nur explizit durch die Anwendung installiert werden. Der Kern führt die folgenden Operationen durch, wenn eine nicht-zielexistente Nachricht m $\in$ M$_{k,t}$ ankommt und k eine Kreative/Nicht-Installierende FP-Klasse k ist:

- Ein P-Port p wird kreiert und m wird in p abgelegt.

- In dem mit k verbundenen Prozeß-Cluster wird ein neuer Prozeß kreiert. Dieser Prozeß wird der Besitzer von p und bekommt somit exklusiven Zugriff auf m. Da p nicht als P-Entry von t installiert wird, ist auch die nächste ankommende Nachricht m' $\in$ Nach$_{k,t}$(m) nicht-zielexistent, d.h. bei der Ankunft dieser Nachricht kreiert der Kern wieder einen neuen Port und Prozeß.

Kreative/Nicht-Installierende FP-Klassen sind besonders zur Modellierung von Typ4-Custern geeignet.

3.2.3.4 FP-Klassen als Dienstzugangsobjekte

In Kap. 3.2.2.2 wurde ein Server S als Typ1-, Typ2-, Typ3- und Typ4-Cluster modelliert. Dabei wurden die DZO für den von S angebotenen Dienst d durch Ports repräsentiert. Es wurde gezeigt, daß die Forderungen F1 und F2 im allgemeinen nicht erfüllt sind, wenn einzelne Ports für die Repräsentation von DZO benutzt werden. In diesem Kapitel wird nun derselbe Server wiederum als Typ1-, Typ2-, Typ3- und Typ4-Cluster modelliert, allerdings werden dabei FP-Klassen zur Darstellung von DZO benutzt. Es wird angenommen, daß T_d die Menge der Transaktionen ist, zu deren Ausführung Dienst d benötigt wird, daß für jede Transaktion $t \in T_d$ eine Menge von Aufträgen $R_{d,t}$ existiert und daß $(R_{d,t}, <)$ eine im strikten Sinne wohlgeordnete Menge ist. Für alle $r \in R_{d,t}$ bezeichnet $Nach_{d,t}(r)$ die Menge der Aufträge $\{r' \in R_{d,t}: r < r'\}$.

Abb. 3.4a zeigt S als Typ1-Cluster C1'. Das DZO von Dienst d wird durch die Konservative/Nicht-Installierende FP-Klasse k repräsentiert. Klasse k enthält genau einen Port. Dieser Port ist von allen Prozessen in C1' geöffnet und repräsentiert den C-Entry von k. Da der C-Entry von k der Entry aller Transaktionen $t \in T_d$ ist, werden für alle $t \in T_d$ alle Aufträge $r \in R_{d,t}$ in diesem Port abgelegt. Da alle Prozesse in C1' vom C-Entry Aufträge empfangen können, kann ein Auftrag von jedem beliebigen Prozeß in C1' bearbeitet werden.

In Abb. 3.4b wird S als Typ2-Cluster C2' dargestellt. Hier wird das DZO von Dienst d durch die Konservative/Installierende FP-Klasse k repräsentiert. Im Initialzustand enthält k nur einen Port. Dieser repräsentiert den C-Entry von k und ist von allen Prozessen in C2' geöffnet. Der erste Auftrag r1 $\in R_{d,t}$ wird im C-Entry von k abgelegt, d.h. bei der Ankunft dieses Auftrags kreiert der Kern einen Port p und installiert diesen als P-Entry von t in k. Da danach der Entry von t in k durch p repräsentiert wird, werden alle folgenden Aufträge $r \in Nach_{d,t}(r1)$ in p abgelegt, d.h. beim Empfang dieser Aufträge werden keine neuen Ports mehr kreiert. Da der Prozeß, der den ersten Auftrag r1 vom C-Entry empfängt, automatisch Besitzer des P-Entries von t

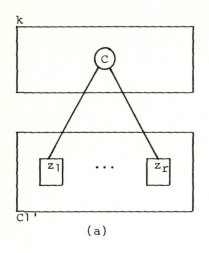

(a)

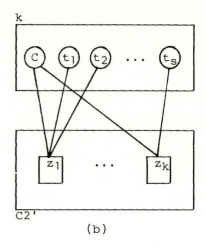

(b)

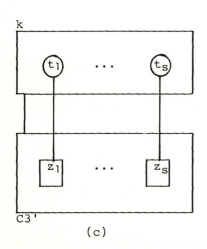

(c)

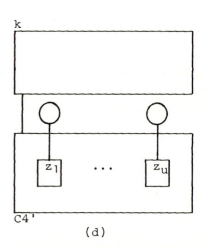

(d)

$\boxed{z_i}$ ... Prozeß i

$\bigcirc$ ... Port

$\textcircled{c}$ ... Port repräsentiert C-Entry;

$\textcircled{t_i}$ ... Port repräsentiert P-Entry von Transaktion t_i.

Abb. 3.4. Server-Modelle: Repräsentation der DZO durch FP-Klassen

wird, hat dieser Prozeß exklusiven Zugriff auf alle folgenden Aufträge von t. Port p kann zerstört werden, wenn alle $r \in R_{d,t}$ ausgeführt sind.

Abb. 3.4c skizziert S als Typ3-Cluster C3'. Das DZO von Dienst d wird durch die Kreative/Installierende FP-Klasse k repräsentiert. Klasse k ist mit Cluster C3' verbunden und enthält in ihrem Initialzustand keinen Port. Der erste Auftrag $r1 \in R_{d,t}$ ist nicht-zielexistent, d.h. bei der Ankunft dieses Auftrags kreiert der Kern einen neuen Prozeß z in C3' sowie einen neuen Port p, den er in k als P-Entry von Transaktion t installiert. Da danach für t ein Entry in k existiert, sind alle folgenden Aufträge $r \in Nach_{d,t}(r1)$ zielexistent und werden in p abgelegt, d.h. bei der Ankunft dieser Aufträge wird weder ein neuer Prozeß noch ein neuer Port kreiert. Da Prozeß z Besitzer von p ist, hat er exklusiven Zugriff auf alle Aufträge $r \in R_{d,t}$. Nachdem alle Aufträge $r \in R_{d,t}$ ausgeführt sind, kann sowohl z als auch p zerstört werden.

Abb. 3.4d zeigt S als Typ4-Cluster C4'. Das DZO von Dienst d wird durch die Kreative/Nicht-Installierende FP-Klasse k repräsentiert. Klasse k ist mit Cluster C4' verbunden und enthält in ihrem Initialzustand keinen Port. Der erste Auftrag $r1 \in R_{d,t}$ ist nicht-zielexistent, d.h. bei der Ankunft von r1 kreiert der Kern einen neuen Port p sowie einen neuen Prozeß z in C4'. Da p nicht als P-Entry von Transaktion t in k installiert wird, ist auch der folgende Auftrag $r2 \in Nach_{d,t}(r1)$ nicht-zielexistent, so daß bei der Ankunft von r2 wieder ein neuer Prozeß kreiert wird. Dies wiederholt sich für den r2 nachfolgenden Auftrag $r3 \in Nach_{d,t}(r2)$, und so weiter. Da Prozeß z Besitzer des Ports p ist, hat er exklusiven Zugriff auf Auftrag r1. Nach der Bearbeitung von r1 können sowohl z als auch p zerstört werden.

In jedem der oben beschriebenen Modelle von S wird das DZO von Dienst d durch genau eine FP-Klasse k dargestellt. Aus der Sicht der Clients, die Dienst d anfordern, besteht die FP-Klasse aus einer Menge transaktionsspezifischer Eingänge, von denen jeder durch eine Entry-Adresse, bestehend aus der Klassen-Adresse k und

einem TransaktionsId, global eindeutig identifiziert wird. Dabei
ist der Typ der FP-Klasse für die Clients nicht sichtbar. Für die
beschriebenen Modelle von S kann folgende Aussage gemacht werden:

$$\forall\ t \in T\ \forall\ y \in \{Typ1,Typ2,Typ3,Typ4\}:$$
$$_yINTF(S)_t = \{ADR(d,t)\} = \{k\}$$

Das heißt, für die Server-Modelle C1', C2', C3' und C4' ist
sowohl Forderung F1 als auch Forderung F2 erfüllt.

Für die Realisierung von Prozeß-Clustern mit ereignisgetriebenen
Prozeßstrukturen sind Funktionen zum Kreieren von Prozessen auf
entfernten Knoten, sogenannte Spawner-Funktionen, notwendig. Zum
Beispiel muß in einem Typ4-Cluster für jeden Auftrag, der von
diesem Clusters ausgeführt werden soll, ein individueller Prozeß
kreiert werden.

Manche   Kommunikationssysteme   und   verteilten   Betriebssysteme
bieten   allgemeine   Spawner-Funktionen   an   (s.   z.B.   ARPANET
/McQu77/). In diesen Systemen befindet sich auf jedem Knoten ein
sogenannter Spawner (häufig auch Logger oder Process Server
genannt), der auf Anforderung lokale Prozesse kreiert. Wird z.B.
ein solcher allgemeiner Spawner für die Realisierung eines Typ4-
Clusters C benutzt, so muß ein Client, bevor er einen Auftrag an
C sendet, den zu C lokalen Spawner auffordern einen neuen Prozeß
in C zu kreieren. Nachdem der Spawner den Prozeß kreiert hat,
teilt er dem Client die Adresse des Ports mit, an dem der neue
Prozeß hört. Daraufhin sendet der Client den Auftrag zu diesem
Port. Diese Lösung hat mehrere schwerwiegende Nachteile: Erstens
muß ein Client, bevor er einen Auftrag senden darf, die Antwort
des Spawners abwarten, was unter Umständen zu großen Verzögerungen führen kann, zweitens sind pro Auftrag zwei zusätzliche
Nachrichtentransfers notwendig, und drittens muß ein Client
selbst das Kreieren eines Prozesses initiieren, d.h. Forderung F2 kann niemals erfüllt sein. Entsprechendes gilt, wenn

ein solcher Spawner für die Realisierung von Typ3-Clustern benutzt wird.

Einige wenige Systeme bieten speziell auf Typ4-Cluster zuge-schnittene Spawner-Mechanismen an (s. z.B. ARGUS /Lisk84/, StarOS /Jone79/, XDFS /Stur80/). Zum Beispiel wird in ARGUS bei jedem 'Handler'-Aufruf ein neuer Prozeß kreiert, der den 'Handler'-Code ausführt und dann terminiert. Mit diesem Mecha-nismus lassen sich natürlich Typ4-Cluster bedeutend einfacher und effizienter realisieren als mit einem allgemeinen Spawner-Mechanismus. Leider ist es jedoch unmöglich, mit diesem Mechanismus ein Typ3-Cluster zu implementieren.

In R^* wird der von CICS bereitgestellte Spawner-Mechanismus benutzt /Lind84/, der nur in sehr eingeschränkter Weise für die Realisierung von Typ3-Clustern geeignet ist: jeder Prozeß in einem Typ3-Server-Cluster darf nur mit einem Client-Prozeß kom-munizieren, und zwischen beiden muß eine virtuelle Verbindung bestehen.

Der Kern realisiert Spawner-Mechanismen sowohl für Typ3- als auch für Typ4-Cluster. Durch das Konzept der FP-Klassen sind diese Mechanismen für die Anwendung transparent, wodurch beide For-derungen, F1 und F2, erfüllt werden können. Dieses Kom-munikationskonzept ist (nach Wissen des Autors) das einzige Konzept, das transparente Spawner-Mechanismen für Typ3-Cluster, Typ4-Cluster und beliebige Varianten mit ereignisgetriebenen Prozeßstrukturen unterstützt.

Es sollte klar sein, daß die oben beschriebenen Modelle nicht die ganze Flexibilität des Konzepts der FP-Klassen demonstrieren können. In allen diesen Modellen wurden die Entries nur implizit durch den Kern installiert. Werden Entries zusätzlich explizit durch die Anwendung installiert, so lassen sich Kombinationen von Typ1-, Typ2-, Typ3- und Typ4-Cluster modellieren. Eine Kom-bination von einem Typ3- und einem Typ4-Cluster läßt sich z.B. durch explizites Installieren von P-Entries in einer

Kreativen/Nicht-Installierenden FP-Klasse modellieren. Werden in der mit Cluster C4' verbunden Kreativen/Nicht-Installierenden FP-Klasse k keine Entries explizit installiert, so wird für jeden Auftrag $r \in R_{d,t}$ ein Prozeß in C4' kreiert, d.h. jeder Prozeß in C4' bearbeitet nur einen Auftrag. Möchte jedoch der Prozeß, der den ersten Auftrag $r1 \in R_{d,t}$ empfängt, auch alle folgenden Aufträge $r \in Nach_{d,t}(r1)$ empfangen, so kann er in k einen seiner P-Ports explizit als P-Entry von t installieren. Alle folgenden Aufträge von t sind nun zielexistent und werden in diesem Port abgelegt. Mit dieser Methode kann ein Cluster-Typ modelliert werden, der die Aufträge einer Klasse von Transaktionen (z.B. Transaktionen mit kontext-sensitiven Aufträgen) wie ein Typ3-Cluster verarbeitet und die Aufträge einer anderen Transaktionsklasse (z.B. Transaktionen mit nicht kontext-sensitiven Aufträgen) wie ein Typ4-Cluster ausführt.

Im Kontext transaktionsorientierter Systeme ist es natürlich naheliegend atomare Transaktionen als Grundeinheiten der Verarbeitung zu wählen. Das Konzept der FP-Klassen kann jedoch wesentlich verallgemeinert werden, wenn man zusätzlich das Konzept der Aktivität einführt und die Ports in FP-Klassen mit Aktivitäten anstelle von Transaktionen verbindet. Unter einer Aktivität wird hier eine Einheit logisch zusammengehörender Operationen verstanden, die im Gegensatz zu einer Transaktion nicht atomar sein muß. Durch dieses allgemeinere Konzept besteht die Möglichkeit eine atomare Transaktion in eine Menge nicht-atomarer Aktivitäten zu unterteilen. So kann z.B. für jeden Client einer Transaktion eine individuelle Aktivität kreiert werden, in der nur die von diesem Client gesendeten Aufträge der Transaktion verarbeitet werden. Eine solche Aufteilung ist beispielsweise dann sinnvoll, wenn nur zwischen den von demselben Client gesendeten Aufträgen einer Transaktion ein Kontext erhalten werden muß. Eine weitere Möglichkeit besteht darin, mehrere Transaktionen zu einer Aktivität zusammenzufassen, die als Ganzes keine atomare Einheit darstellt. So können z.B. alle von demselben Endbenutzer initiierten Transaktionen zu einer Aktiviät zusammengefaßt werden. Eine solche Organisation ist beispielsweise dann sinnvoll, wenn neben einem transaktionsspezifischen Kontext auch noch benutzerspezifische Kontextinformation erhalten werden muß.

3.2.4 Event Ports

Zur Identifikation von Ereignissen wird das Konzept der Event Ports benutzt. Wird ein Ereignis definiert, so wird automatisch ein Event Port kreiert, der das Ereignis eindeutig identifiziert. Logisch verbunden mit jedem Event Port ist ein Flag, das gesetzt wird, wenn das entsprechende Ereignis eintritt. Im Gegensatz zu Message Ports können Ports dieses Typs niemals Mitglied einer FP-Klasse sein. Jeder Event Port wird durch eine lokal eindeutige Port-Adresse identifiziert. Prozesse können zwei verschiedene Typen von Ereignissen, Watch- und Timeout-Ereignisse, definieren.

Ein Prozeß kann ein Timeout-Ereignis durch das Starten eines Timers definieren. Läuft ein Timer ab, so wird das Flag des Event Ports, der dieses Ereignis identifiziert, gesetzt. Timeout-Ereignisse werden z.B. benötigt, um einen auf eine Nachricht wartenden Prozeß von dem ewigen Warten zu bewahren - eine erwartete Nachricht kann wegen irgendwelcher Störungen nicht ankommen.

Ein Prozeß kann ein Watch-Ereignis definieren, indem er einen sogenannten Watch /Hamm80, Walt82/ auf einen Knoten setzt. Ein Watch überwacht den Zustand eines Knotens, der entweder 'erreichbar' oder 'unerreichbar' ist. Für einen Prozeß Z ist ein Knoten K nur dann 'erreichbar', wenn beide der folgenden Forderungen erfüllt sind:

(1) K ist nicht zusammengebrochen.

(2) Ist das Netzwerk partitioniert, so befinden sich K und der Knoten, auf dem sich Z befindet, in derselben Partition.

Ein Prozeß kann zwei Typen von Watches setzen: der eine Typ signalisiert ein Ereignis, wenn sich der Zustand des überwachten Knotens von 'erreichbar' auf 'unerreichbar' ändert, der andere Typ signalisiert ein Ereignis bei einer Zustandsänderung von 'unerreichbar' auf 'erreichbar'. Ändert sich der Zustand eines überwachten Knotens, so wird das Flag des Event Ports, der dieses Ereignis identifiziert, gesetzt.

Um zu zeigen, in welcher Weise Überwachungsmechanismen zur Steigerung der Effizienz eines Systems beitragen können, wird im folgenden ein wohl in allen VTOAS auftretendes Kommunikations-muster diskutiert: Der Client einer Transaktion sendet einen Auftrag an einen entfernten Server und wartet dann anschließend auf eine Antwort des Servers, die die <u>Ausführung</u> des Auftrags bestätigt. Um zu garantieren, daß eine gesendete Nachricht auch tatsächlich beim Empfänger ankommt, wird häufig ein 'Positive-Acknowledgement-And-Retransmit'-Mechanismus verwendet. Bei der Anwendung eines solchen Mechanismus wird ein Auftrag solange periodisch gesendet bis der <u>Empfang</u> der Nachricht bestätigt wird. Sicher zu wissen, daß ein Auftrag beim Empfänger angekommen ist, garantiert jedoch nicht, daß der Auftrag auch wirklich ausgeführt wird. Bricht z.B. der Knoten des Servers nach dem Erhalt des Auftrags aber vor der Beendigung des Auftrags zusammen, so wartet der Client ewig auf eine Antwort. Eine Lösung für dieses Problem ist ein Timeout-Mechanismus, der nach einer vorgegebenen Zeit den Client aufweckt und die Transaktion abbricht.

Leider kann diese Lösung sehr ineffizient sein, insbesondere dann, wenn die zur Ausführung des Auftrags benötigte Zeit a priori nicht bekannt ist. Das Problem kann bedeutend effizienter mit Hilfe eines Überwachungsmechanismus gelöst werden. Wird vor dem Senden eines Auftrags ein Watch auf den Knoten des Servers gesetzt, so kann der Client erkennen, wenn der Server nicht mehr erreichbar ist. Signalisiert der Watch, daß der Knoten nicht mehr erreichbar ist, so kann der Client wieder aktiviert und die Transaktion abgebrochen werden. Kommt eine Antwort an, so kann

die Überwachung beendet werden. Bei der Lösung mit dem Überwachungsmechanismus wird die Transaktion nur dann abgebrochen,
wenn ein Server, der an der Bearbeitung der Transaktion teilnimmt, nicht mehr erreichbar ist, während bei der Lösung mit dem
Timeout-Mechanismus die Transaktion auch dann abgebrochen wird,
wenn die Ausführungszeit eines Auftrags ein vorgegebenes Zeit-
limit übersteigt. Weitere Anwendungsbeispiele von Watch-
Mechanismen sowie die zur Implementierung solcher Mechanismen
notwendigen Protokolle werden ausführlich bei Walter /Walt82/ und
Hammer, Shipman /Hamm80/ beschrieben.

3.2.5 Beispiel

Um zu zeigen, wie die in Kapitel 3.2 eingeführten Objekte benutzt
werden können, wird im folgenden ein sehr einfacher Datenmanager
(Abk. DM) verschiedenartig modelliert. Der DM befindet sich
vollständig auf einem Knoten und gewährt Zugriff auf die lokalen
Daten des Knotens. Der DM stellt zwei Dienste, einen Read/Write-
Dienst und einen Commit/Abort-Dienst, zur Verfügung.

Der Read/Write- (Abk. R/W-) Dienst ermöglicht das Lesen und
Schreiben lokaler Daten. Jeder R/W-Auftrag spezifiziert eine
Menge von Schreib/Lese-Operationen und die Transaktion, innerhalb
welcher der Auftrag ausgeführt werden soll. Der Commit/Abort-
(Abk. C/A-) Dienst ermöglicht die vom DM innerhalb einer bestimm-
ten Transaktion ausgeführten Schreiboperationen entweder
permanent zu machen oder zurückzusetzen. Ein C/A-Auftrag spezifi-
ziert eine Transaktion und die Art (Commit, Abort), mit der diese
Transaktion terminiert werden soll. Für jede Transaktion, die den
Dienst des DM beansprucht, existiert eine nicht-leere Sequenz von
R/W-Aufträgen gefolgt von genau einem C/A-Auftrag.

Im folgenden wird der DM als Typ1-, Typ2-, Typ3- und Typ4-Cluster
modelliert. In jedem dieser Modelle wird das DZO des R/W-Dienstes
durch die FP-Klasse R/W-Class und das DZO des C/A-Dienstes durch
die FP-Klasse C/A-Class repräsentiert. Das heißt, ein Client

einer Transaktion t sendet einen R/W-Auftrag bzw. C/A-Auftrag zu dem durch die Entry-Adresse (R/W-Class,t) bzw. (C/A-Class,t) lokalisierten Entry. Dadurch, daß für jeden der beiden Dienste ein individuelles DZO existiert, kann der DM auf die Aufträge eines Typs selektiv zugreifen. Dies hat beispielsweise den Vorteil, daß er jederzeit feststellen kann, ob für eine Transaktion ein C/A-Auftrag vorliegt.

Abb. 3.5a skizziert den DM als Typ1-Cluster DM1. R/W-Class und C/A-Class sind Konservative/Nicht-Installierende FP-Klassen, die beide einen C-Entry enthalten. Die beiden C-Entries sind von allen Prozessen in DM1 geöffnet. Jeder Prozeß, der bereit ist einen neuen Auftrag auszuführen, hört an den beiden C-Entries. Kommt ein Auftrag an, so wird er von irgendeinem dieser Prozesse empfangen und bearbeitet. Nachdem ein Prozeß einen Auftrag bearbeitet hat, fährt er fort an den C-Entries von R/W-Class und C/A-Class zu hören.

Abb. 3.5b zeigt den DM als Typ2-Cluster DM2. Aus Gründen der Einfachheit wird angenommen, daß jeder Prozeß in DM2 die Aufträge verschiedener Transaktionen nicht überlappend bearbeitet, d.h. ein Prozeß bearbeitet erst sämtliche Aufträge einer Transaktion, bevor er den ersten Auftrag der nächsten Transaktion bearbeitet. R/W-Class ist eine Konservative/Installierende FP-Klasse, die in ihrem Initialzustand nur einen C-Entry enthält. C/A-Class ist eine Konservative/Nicht-Installierende FP-Klasse, die in ihrem Initialzustand keinen Entry enthält. Der erste R/W-Auftrag einer Transaktion wird im C-Entry von R/W-Class abgelegt. Bei der Ankunft des ersten R/W-Auftrags r einer Transaktion t kreiert der Kern einen neuen P-Port und installiert diesen als P-Entry von t in R/W-Class, d.h. alle folgenden R/W-Aufträge von t werden in diesem Port abgelegt. Alle Prozesse von DM2, die 'arbeitslos' sind (d.h. die bereit sind, den ersten Auftrag einer Transaktion zu bearbeiten), hören am C-Entry von R/W-Class. Der Prozeß, der Auftrag r empfängt, wird automatisch Besitzer des P-Entry von t in R/W-Class, d.h. dieser Prozeß hat auch exklusiven Zugriff auf alle weiteren R/W-Aufträge von t. Nachdem der Prozeß Auftrag

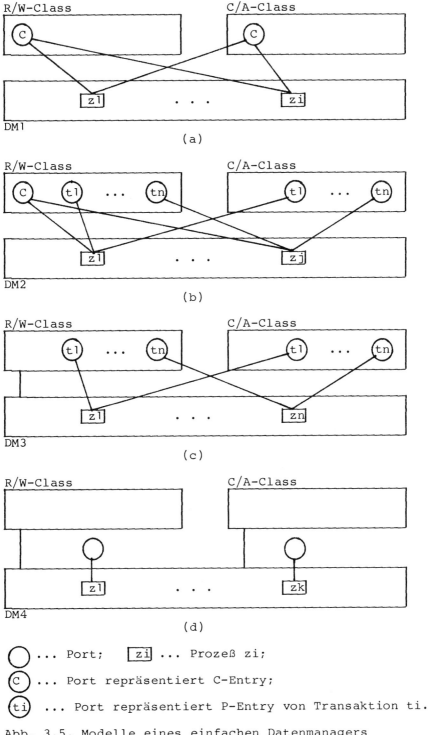

Abb. 3.5. Modelle eines einfachen Datenmanagers

r empfangen hat, bearbeitet er den Auftrag und installiert einen seiner P-Ports als P-Entry von t in C/A-Class. Danach hört er an den P-Entries von t in R/W-Class und C/A-Class. Empfängt er einen weiteren R/W-Auftrag, so bearbeitet er diesen und hört dann wieder an den beiden P-Entries von t. Empfängt er einen C/A-Auftrag, so terminiert er t und entfernt die P-Entries von t aus R/W-Class und C/A-Class. Danach ist er wieder 'arbeitslos' und fährt fort, am C-Entry von R/W-Class zu hören.

In Abb. 3.5c wird der DM als Typ3-Cluster DM3 dargestellt. R/W-Class ist eine Kreative/Installierende FP-Klasse, die logisch mit Cluster DM3 verbunden ist. C/A-Class ist eine Konservative/Nicht-Installierende FP-Klasse. Beide FP-Klassen enthalten in ihrem Initialzustand keinen Entry. Der erste R/W-Auftrag einer Transaktion ist nicht-zielexistent. Wenn der erste R/W-Auftrag r einer Transaktion t ankommt, führt der Kern die folgenden Operationen durch: Ein P-Port wird kreiert und r darin abgelegt, der neue Port wird als P-Entry von t in R/W-Class installiert und in DM3 wird ein Prozeß kreiert, der Besitzer des neuen Ports wird. Als erste Aktivität entfernt der neue Prozeß Auftrag r von seinem (bis dahin einzigen) P-Port. Dann kreiert er einen neuen P-Port und installiert diesen als P-Entry von t in C/A-Class. Nach der Bearbeitung von r hört er an seinen beiden P-Ports. Empfängt er einen weiteren R/W-Auftrag, so bearbeitet er diesen und fährt fort an seinen beiden P-Ports zu hören. Wenn er einen C/A-Auftrag empfängt, dann terminiert er die Transaktion und zerstört sich zusammen mit seinen Ports.

Abb. 3.5d skizziert den DM als Typ4-Cluster DM4. R/W-Class und C/A-Class sind Kreative/Nicht-Installierende FP-Klassen, die beide mit Cluster DM4 verbunden sind. Jedesmal wenn ein R/W-Auftrag bzw. C/A-Auftrag r einer Transaktion t ankommt, führt der Kern die folgenden Operationen durch: er kreiert einen neuen P-Port, legt Auftrag r darin ab und kreiert in DM4 einen neuen Prozeß, der Besitzer des neuen Ports wird. Der neue Prozeß emfängt Auftrag r von seinem (einzigen) P-Port. Nachdem er r bearbeitet hat, zerstört er sich und seine Ports selbst.

In jedem der oben beschriebenen Modelle existieren für die vom DM
angebotenen Dienste zwei DZO, die durch die FP-Klassen R/W-Class
und C/A-Class repräsentiert werden. Bezeichnen R/W und C/A den
R/W-Dienst bzw. C/A-Dienst, so gilt:

$$\forall\ t\ \epsilon\ T\ \forall\ y\ \epsilon\ \{Typ1,Typ2,Typ3,Typ4\}:$$
$$_y INTF(DM)_t = \{ADR(R/W,t),ADR(C/A,t)\} = \{R/W\text{-}Class,C/A\text{-}Class\}$$

Das heißt, für die Modelle DM1, DM2, DM3 und DM4 des Datenmanagers DM ist Forderung F1 sowie Forderung F2 erfüllt.

3.3 PRIMITIVEN DER ATOK-KOMPONENTE

In diesem Kapitel werden die von der ATOK-Komponente
bereitgestellten Primitiven beschrieben. Im ersten Abschnitt werden die zur Verwaltung von Prozessen, Prozeß-Clustern und Ports
notwendigen Primitiven vorgestellt. Die Primitiven für das FP-
Klassen Management werden im zweiten Abschnitt eingeführt. Der
dritte Abschnitt beschreibt die Primitiven für das Definieren von
Ereignissen und das Generieren von Zeitmarken. Im vierten Abschnitt werden dann verschiedene Kommunikationskonzepte im
Hinblick auf ihre Eignung für transaktionsorientierte Anwendungen untersucht und die von der ATOK-Komponente bereitgestellten Kommunikationsprimitiven vorgestellt. Um zu zeigen,
wie die eingeführten Primitiven angewendet werden können, werden
schließlich im letzten Abschnitt die zur Implementierung der in
Kap. 3.2.5 beschriebenen Datenmanager-Modelle notwendigen
Programme skizziert.

Bei der Beschreibung der Primitiven werden die für das
Verständnis unwichtigen Parameter weggelassen. So müßte
bespielsweise, um bei einer falschen Anwendung einer Primitive
dem Benutzer einen Fehlercode zurückmelden zu können, die
Parameterliste jeder Primitive um einen Parameter 'Status'
erweitert werden. Eine detaillierte Beschreibung der
ATOK-Schnittstelle kann in /Dupp85/ gefunden werden.

3.3.1 Verwalten von Prozessen, Prozeß-Clustern und Message Ports

1. *CreateCluster (Pg:ProgramId)* <u>*returns*</u> *(Cu:ClusterId)*

2. *DestroyCluster (Cu:ClusterId)*

3. *CreateProcess (Cu:ClusterId)* <u>*returns*</u> *(Pr:ProcessId)*

4. *DestroyProcess (Pr:ProcessId)*

5. *CreateP-Port ()* <u>*returns*</u> *(Po:PortAdr)*

6. *CreateC-Port ()* <u>*returns*</u> *(Po:PortAdr)*

7. *OpenC-Port (Po:PortAdr)*

8. *CloseC-Port (Po:PortAdr)*

9. *DestroyPort (Po:PortAdr)*

Abb. 3.6. Primitiven für die Verwaltung von Prozessen,
         Prozeß-Clustern und Ports

In Abb. 3.6 sind die zur Verwaltung der Objekttypen Prozeß,
Prozeß-Cluster und Message Port notwendigen Primitiven aufgelistet. Die *CreateCluster*-Primitive kreiert ein Prozeß-Cluster,
das mit dem durch Parameter *Pg* identifizierten Programm logisch
verbunden ist. Der lokal eindeutige Cluster-Id des neu definierten Clusters wird in Parameter *Cu* zurückgemeldet. Ein neu
definiertes Cluster enthält noch keine Prozesse. Die Primitive
DestroyCluster zerstört das durch Parameter *Cu* identifizierte
Cluster. Dabei werden alle sich im Cluster befindenden Prozesse
zerstört. Die Primitive *CreateProcess* kreiert einen neuen Prozeß
in dem durch Parameter *Cu* identifizierten Cluster. Der lokal eindeutige Prozeß-Id des neuen Prozesses wird in Parameter *Pr*
zurückgemeldet. Ein Prozeß kann durch einen Aufruf der Primitive
DestroyProcess zerstört werden.

Die Primitive *CreateP-Port* bzw. *CreateC-Port* kreiert einen P-Port
bzw. einen C-Port und liefert die Port-Adresse des neuen Ports in
Parameter *Po* zurück. Ein C-Port kann durch einen Aufruf von
OpenC-Port bzw. *CloseC-Port* geöffnet bzw. geschlossen werden,
wobei Parameter *Po* den zu öffnenden bzw. zu schließenden Port

bezeichnet. Die Primitive *DestroyPort* zerstört den durch Parameter *Po* spezifizierten Port. Nachrichten, die sich noch in der Warteschlange des Ports befinden, gehen dabei verloren.

3.3.2 Verwalten von FP-Klassen

1. *CreateClass (Ty:ClassType, Cu:ClusterId, Want:ClassAdr)*
     returns (Cs:ClassAdr)
2. *DestroyClass (Cs:ClassAdr)*
3. *InstallC-Entry (Cs:ClassAdr, Po:PortAdr)*
4. *InstallP-Entry (Cs:ClassAdr, T:TId, Po:PortAdr)*
5. *RemoveEntry (Po:PortAdr)*
6. *GetAdrC-Entry (Cs:ClassAdr) returns (Po:PortAdr)*
7. *GetAdrP-Entry (Cs:ClassAdr, T:TId) returns (Po:PortAdr)*
8. *GetAdrInitialPort () returns (Po:PortAdr)*

Abb. 3.7. Primitiven zur Verwaltung von FP-Klassen

Die Primitiven zur Verwaltung von FP-Klassen sind in Abb. 3.7 aufgelistet. Die Primitive *CreateClass* kreiert eine FP-Klasse vom Typ *Ty*. Durch Parameter *Ty* können die Typen Konservativ/Nicht-Installierend, Konservativ/Installierend, Kreativ/Nicht-Installierend und Kreativ/Installierend spezifiziert werden. Ist die zu kreierende FP-Klasse vom Typ Kreativ/Installierend bzw. Kreativ/Nicht-Installierend, so identifiziert Parameter *Cu* das Cluster, mit dem die FP-Klasse verbunden werden soll. Der Parameter *Want* kann benutzt werden, um der FP-Klasse eine benutzerspezifizierte Klassen-Adresse zuzuordnen. Dies ist dann notwendig, wenn eine FP-Klasse eine im System allgemein bekannte Adresse haben soll und/oder die Adresse der FP-Klasse trotz Systemzusammenbrüchen unverändert bleiben soll. Ein typisches Beispiel dafür ist eine FP-Klasse, die das DZO eines Name-Server-Dienstes repräsentiert. Wird in *Want* ein Null-Wert übergeben, so generiert die ATOK-Komponente eine global eindeutige Adresse und ordnet sie der FP-Klasse zu. Diese Adresse wird dann in Parameter *Cs* zurückgeliefert. Eine FP-Klasse kann durch einen Aufruf der Primitive *DestroyClass* zerstört werden.

Ein Message Port kann durch einen Aufruf der Primitive *InstallC-Entry* bzw. *InstallP-Entry* als Entry einer FP-Klasse installiert werden. *InstallC-Entry* installiert den durch Parameter *Po* identifizierten Port zum C-Entry der durch Parameter *Cs* bzeichneten Klasse. Durch einen Aufruf von *InstallP-Entry* wird Port *Po* als P-Entry von Transaktion *T* in FP-Klasse *Cs* installiert. Die Primitive *RemoveEntry* entfernt den durch *Po* bezeichneten Port aus der FP-Klasse, in der er sich gerade befindet.

Die Port-Adresse eines C-Entries bzw. P-Entries kann durch einen Aufruf der Primitive *GetAdrC-Entry* bzw. *GetAdrP-Entry* ermittelt werden. *GetAdrC-Entry* übergibt in Parameter *Po* die Port-Adresse des C-Entries der durch Parameter *Cs* identifizierten FP-Klasse, *GetAdrP-Entry* liefert in *Po* die Port-Adresse des P-Entries von Transaktion *T* in FP-Klasse *Cs* zurück.

Kommt eine an eine Kreative/Nicht-Installierende bzw. Kreative/Installierende FP-Klasse gerichtete nicht-zielexistente Nachricht an, so kreiert der Kern einen Prozeß und einen P-Port, der im folgenden als Initial-Port des neuen Prozesses bezeichnet wird. Um die Nachricht aus dem Initial-Port entfernen zu können, muß der kreierte Prozeß die Port-Adresse des Initial-Ports in Erfahrung bringen. Zu diesem Zweck kann er die Primitive *GetAdrInitialPort* benutzen. *GetAdrInitialPort* liefert in Parameter *Po* die Port-Adresse des Initial-Ports des rufenden Prozesses.

3.3.3 Definieren von Ereignissen und Generieren von Zeitmarken

Die Primitiven für das Definieren von Ereignissen und Generieren von Zeitmarken sind in Abb. 3.8 zusammengefaßt. Die *StartTimer* Primitive startet einen Timer, dessen Timeout-Intervall durch

1. *StartTimer (Ti:Time)* <u>*returns*</u> *(EPo:PortAdr);*
2. *WatchReachable (No:NodeId)* <u>*returns*</u> *(EPo:PortAdr)*
3. *WatchUnreachable (No:NodeId)* <u>*returns*</u> *(EPo:PortAdr)*
4. *ForgetEvent (EPo:PortAdr)*
5. *GenerateTimestamp ()* <u>*returns*</u> *(Ts:Timestamp)*

Abb. 3.8. Primitiven für das Definieren von Ereignissen und
das Generieren von Zeitmarken.

Parameter *Ti* spezifiziert wird. Die Port-Adresse des Event Ports,
der das Timeout Ereignis identifiziert, wird in Parameter *EPo*
zurückgemeldet. Die Primitiven *WatchReachable* und
WatchUnReachable setzen einen Watch auf den durch Parameter
No identifizierten Knoten. *WatchReachable (WatchUnreachable)*
setzt das Flag von Event Port *EPo* sobald der überwachte Knoten
erreichbar (unerreichbar) wird. Ein Prozeß kann durch einen
Aufruf der Primitive *ForgetEvent* das durch Parameter *EPo* spezifizierte Ereignis vergessen, d.h. durch einen Aufruf dieser Primitive können Timer angehalten und die Überwachung von Knoten
aufgehoben werden. Die Primitive *GenerateTimestamp* generiert eine
global eindeutige Zeitmarke. Zeitmarken werden im Bereich der
VTOAS häufig benötigt, wie etwa in Synchronisationsprotokollen, die
auf der 'Timestamp-Ordering'-Methode (s. z.B. /Bern80/) basieren,
oder zur Kennzeichnung von Log-Einträgen.

3.3.4 Kommunikation

Zur Kontrolle der Transaktionsverarbeitung in VTOAS benötigt man
eine Menge unterschiedlicher Protokolle, wie z.B. Protokolle für
Migrationskontrolle (s. z.B. /Lind79, Lisk84, Allc83/), Synchronisationskontrolle (s. z.B. /Gray78, Bern80, Kung81/) Recovery-
Kontrolle (s. z.B. /Lind79, Moss81, Allc83/) Commit-Kontrolle
(s. z.B. /Gray78, Lind79, Skee81/) oder Verklemmungskontrolle (s.
z.B. /Lome79, Mena79, Ober82/). Die von der ATOK-Komponente
bereitgestellten Kommunikationsprimitiven müssen flexibel und

allgemein genug sein, um die Vielzahl der in diesen Protokollen auftretenden Kommunikationsmuster effizient unterstützen zu können.

Kommunikationsdienste lassen sich ganz grob in verbindungsorientierte Dienste und Dienste für einen verbindungslosen Datentransfer klassifizieren. Im folgenden wird zuerst der verbindungsorientierte Ansatz diskutiert, und anschließend werden einige auf dem Konzept der verbindungslosen Kommunikation basierende Primitiven vorgestellt und bewertet (s. auch Diskussion in Rothermel /Roth84a,Roth84b/, Rothermel, Walter /Walt84a,Roth86/ und Walter /Walt84c/). Schließlich werden dann die von der ATOK-Komponente bereitgestellten Kommunikationsprimitiven beschrieben.

Mit verbindungsorientierten Diensten können (virtuelle) Verbindungen auf- bzw. abgebaut werden und Dateneinheiten über bestehende Verbindungen übertragen werden. Die Interaktion zwischen den Kommunikationspartnern durchläuft drei aufeinanderfolgende Phasen: Verbindungsaufbau-, Datentransfer- und Verbindungsabbauphase. In der ersten Phase sprechen sich die Kommunikationspartner über die Parameter der gewünschten Verbindung ab, und falls eine Übereinstimmung gefunden werden kann, wird die Verbindung aufgebaut. Kommt ein Verbindungsaufbau zustande, so tauschen die Kommunikationspartner in der zweiten Phase eine Serie von Nachrichten über die Verbindung aus. In der dritten und letzten Phase wird dann die Interaktion explizit durch den Abbau der Verbindung beendet. Verbindungsorientierte Dienste garantieren gewöhnlich einen zuverlässigen Datentransfer, d.h. die über eine Verbindung gesendeten Nachrichten gehen nicht verloren, werden nicht dupliziert und kommen in der Reihenfolge beim Empfänger an, in der sie gesendet wurden.

Um einen zuverlässigen Nachrichtentransfer gewährleisten zu können, muß ein verbindungsorientiertes Kommunikationssystem Mechanismen zur Fehlerkontrolle, wie z.B. Mechanismen zur Duplikatunterdrückung, Übertragungssicherung und Sequenzkontrolle, bereitstellen. Die Bereitstellung solcher Mechanismen ist leider nicht kostenlos - sie erfordert zusätzliche Nachrichtentransfers und den dadurch bedingten Overhead. Zum Beispiel ist für den Aufbau einer SNA-Session der Austausch von 14 (!) Kontrollnachrichten erforderlich /Tane81b/.

Dieser Overhead könnte vielleicht akzeptiert werden, wenn die von den verbindungsorientierten Kommunikationssystemen bereitgestellten Mechanismen auch wirklich benötigt würden. Leider ist es jedoch so, daß gerade in transaktionsorientierten Anwendungen die Mehrzahl dieser Mechanismen ohnehin in der Anwendung realisiert werden müssen. Der Grund dafür ist, daß die meisten dieser Mechanismen nur mit dem Wissen und der Hilfe der Anwendung vollständig und korrekt implementiert werden können (s. auch die 'end-to-end' Argumente von Saltzer et al. /Salt81/). Verbindungsorientierte Dienste haben gewöhnlich die folgenden semantischen Eigenschaften:

- <u>Garantierte Nachrichtenübertragung:</u>

Die Kenntnis, daß eine Nachricht an den Empfänger ausgeliefert wurde, ist nicht besonders wichtig. Was die Anwendung wirklich wissen will ist, ob der Empfänger die in der Nachricht spezifizierten Operationen ausgeführt hat oder nicht. Für einen Client ist es z.B. relativ unwichtig zu wissen, ob ein von ihm gesendeter Auftrag vom betreffenden Server empfangen wurde. Was ihn interessiert ist, ob der Server den Auftrag ausgeführt hat oder nicht. Nach dem Empfang der Nachricht kann der Server durch Störungen verschiedener Art daran gehindert werden, den Auftrag vollständig auszuführen. Die Bestätigung, die den Client über die erfolgreiche Ausführung des Auftrags informiert, kann nur vom Server selbst erzeugt werden, d.h. die Bestätigung, die hier benötigt wird, kann nur von der Anwendung generiert werden.

- <u>Unterdrückung duplizierter Nachrichten:</u>

Werden 'Message Retransmission'- (Abk. MR-) Mechanismen in der

Anwendungsschicht benutzt, so kann die Anwendung selbst Duplikate erzeugen. Möchte z.B. ein Client einen Auftrag unabhängig von (zeitlich begrenzten) Server-Zusammenbrüchen ausgeführt haben, so muß er den Auftrag solange periodisch senden, bis er dafür eine Antwort empfängt. Es ist zu beachten, daß dieser MR-Mechanismus auch dann notwendig ist, wenn das darunterliegende Kommunikationssystem eine absolut zuverlässige Datenübertragung garantiert. Die vom MR-Mechanismus erzeugten Duplikate sehen für das darunterliegende Kommunikationssystem wie unterschiedliche Nachrichten aus und können somit von diesem System nicht unterdrückt werden. Das heißt aber, daß die von der Anwendung erzeugten Duplikate nur von der Anwendung selbst unterdrückt werden können - nur in der Anwendung ist das Wissen vorhanden, das zum Erkennen dieser Duplikate notwendig ist. Wenn die Anwendung ohnehin ihren eigenen Mechanismus zur Duplikatunterdrückung implementieren muß, so können mit diesem Mechanismus auch die innerhalb des Kommunikationssystems erzeugten Duplikate entdeckt und unterdrückt werden, d.h. ein entsprechender Mechanismus im Kommunikationssystem ist eigentlich nicht notwendig.

- Sequenzkontrolle:

Die von einem Kommunikationssystem bereitgestellten Mechanismen zur Sequenzkontrolle garantieren, daß die auf derselben Verbindung gesendeten Nachrichten in der Reihenfolge beim Empfänger ankommen, in der sie gesendet wurden. Die meisten transaktionsorientierten Anwendungen benötigen jedoch eine eigene, anwendungsspezifische 'Sequenzkontrolle', so daß die dazu notwendigen Mechanismen ebenfalls in der Anwendung realisiert werden müssen. In verteilten Datenbanksystemen werden z.B. Lese- und Schreibaufträge nicht in der Reihenfolge ihres Eintreffens, sondern abhängig von der zugrundegelegten Synchronisationsmethode verarbeitet. Wird z.B. eine 'Basic Timestamp Ordering'-Methode /Bern80/ benutzt, so werden in Konflikt stehende Operationen in Zeitmarkenordnung ausgeführt. Hier gilt das gleiche Argument wie oben: wenn die Anwendung ohnehin einen Mechanismus für die Sequenzkontrolle realisieren muß, so kann dieser Mechanismus den entsprechenden Mechanismus im Kommunikationssystem ersetzen.

Eine große Anzahl der in transaktionsorientierten Anwendungen auftretenden Interaktionsformen sind 'one-to-many'-Strukturen, z.B. treten in den meisten Commit- und 'Update Propagation'-Protokollen solche Kommunikationsstrukturen auf. Um 'one-to-many'-Strukturen effizient implementieren zu können, wird eine Multicast- (oder Selective Broadcast-) Funktion benötigt. Dies führt jedoch zu einem weiteren Argument gegen verbindungsorientierte Kommunikationsdienste: Multicast-Kommunikation ist mit verbindungsorientierten Diensten nur sehr umständlich zu realisieren /Chap82/.

Die Kommunikationsdienste für verbindungslose Datenübertragung übertragen eine Dateneinheit in einer einzigen Operation, ohne daß dabei vorher eine Verbindung aufgebaut werden muß. Die auf dem Konzept der verbindungslosen Datenübertragung basierenden Kommunikationsprimitiven zum Senden von Nachrichten können unter Synchronisationsgesichtspunkten wie folgt klassifiziert werden:

- Nicht-blockierende Sende-Primitive:
  Diese Primitive unterstützt die Form der asynchronen Nachrichtenübertragung, d.h. ein Prozeß, der diese Primitive aufruft, wird nicht blockiert, sondern kann sofort mit anderen Aktivitäten fortfahren. Der Sender hat keine Garantie, daß die Nachricht erfolgreich übertragen wird.

- Blockierende Sende-Primitive:
  Diese Primitive unterstützt die Form der synchronen Nachrichtenübertragung, d.h. ein Prozeß, der diese Primitive aufruft, wird solange blockiert bis die gesendete Nachricht empfangen wird. Terminiert die blockierende Sende-Primitive, so kann der Sender sicher sein, daß die gesendete Nachricht erfolgreich übertragen und empfangen wurde.

- **'Remote Invocation Send'-Primitive:**

Die 'Remote Invocation Send'-Primitive (Abk. RIS-Primitive) geht noch einen Schritt weiter. Ein Prozeß, der diese Primitive aufruft, wird solange blockiert bis er eine Antwort für die gesendete Nachricht empfängt. Terminiert die RIS-Primitive normal, so kann der Sender sicher sein, daß die in der Nachricht spezifizierten Operationen vom Empfänger ausgeführt wurden.

Eine große Anzahl der Interaktionen in VTOAS folgen einem Auftrag/Antwort-Muster. Benötigt ein Client den Dienst eines Servers, so sendet er diesem Server einen Auftrag, in dem der gewünschte Dienst spezifiziert ist. Nachdem der Server den Auftrag bearbeitet hat, sendet er eine Antwort zurück an den Client. Da die RIS-Primitive gerade für solche Auftrag/Antwort-Muster konzipiert ist, könnte man annehmen, daß sie die zur Implementierung von transaktionsorientierten Anwendungen geeignete Sende-Primitive ist.

Die RIS-Primitive hat jedoch einige wesentliche Nachteile. Die Analogie von RIS ist das Prozedurkonzept: Das Senden eines Auftrags ist analog zum Aufruf einer Prozedur, und der Empfang der Antwort entspricht dem Zurückkehren von einer Prozedur. Der Sender eines Auftrags wird (wie der Aufrufer einer Prozedur) blockiert bis er die betreffende Antwort empfängt. Es gibt jedoch Situationen, in denen ein Sender sich das Warten nicht leisten kann und es besser wäre, wenn der Sender schon vor dem Empfang der Antwort mit anderen Aktivitäten fortfahren könnte. Hat ein Prozeß mehrere Aufträge, die parallel ausgeführt werden können, so sollte der Prozeß aus Effizienzgründen in der Lage sein, alle Aufträge hintereinander abzusenden, um dann anschließend auf die Antworten zu warten.

Darüberhinaus folgen nicht alle Interaktionen in VTOAS einem Auftrag/Antwort-Muster. Es können wenigstens drei andere Muster gefunden werden: Im ersten wird wohl ein Auftrag gesendet, aber keine Antwort erwartet (s. Abb. 3.9a), im zweiten Muster sendet ein Prozeß mehrere Aufträge und erwartet aber nur eine Antwort

(s. Abb. 3.9b), und im dritten Muster kommt die Antwort von einem Prozeß, der nicht der Empfänger des ursprünglichen Auftrags ist (s. Abb. 3.9c). In jedem diese Muster gibt es mindestens einen Auftrag ohne entsprechende Antwort.

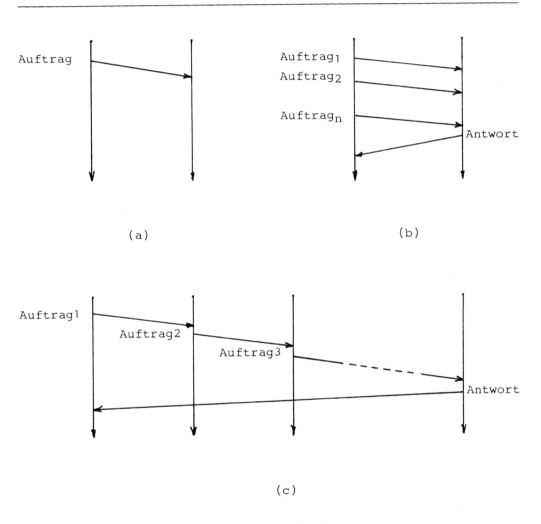

Abb. 3.9. Weitere Kommunikationsmuster

Um mehr Parallelität zuzulassen, bieten einige Systeme eine asynchrone Variante der RIS-Primitive an (s. z.B. /Brit80/ und Kap. 4.4.3). Bei der asynchronen Variante kann ein Client sofort nach dem Senden des Auftrags mit anderen Aktivitäten fortfahren. Zum Empfangen der entsprechenden Antwort muß der Client explizit eine Empfangsprimitive aufrufen, die ihn bis zum Empfang der Antwort blockiert. Obwohl die asynchrone RIS-Primitive mehr Parallelität zuläßt als ihre synchrone Variante, unterstützt sie ebenfalls nur Auftrag/Antwort-Muster und ist somit nicht allgemein und flexibel genug, um alle die in VTOAS auftretenden Kommunikationsstrukturen effizient zu unterstützten.

Falls die blockierende Sende-Primitive normal terminiert, ist garantiert, daß die gesendete Nachricht vom Empfänger empfangen wurde. Diese Garantie kostet (mindestens) einen zusätzlichen Nachrichtentransfer - beim Empfang der Nachricht wird implizit eine Bestätigung generiert und an das Sendersystem zurückgeschickt. Wie bereits diskutiert wurde, ist es jedoch für den Sender relativ uninteressant zu wissen, daß die Nachricht empfangen wurde. Was den Sender in den meisten Fällen interessiert, ist, ob die in der Nachricht spezifizierten Operationen erfolgreich ausgeführt wurden oder nicht. Das heißt, anstelle dieser impliziten Bestätigung wird eine explizit vom Empfängerprozeß generierte Bestätigung benötigt.

Bedingt durch die Vielzahl der zu unterstützenden Kommunikationsmuster, ist es am besten die allgemeinste und flexibelste der beschriebenen Primitiven zu wählen. Die nicht-blockierende Sende-Primitive ist die einzige der drei beschriebenen Primitiven, die alle gefundenen Kommunikationsmuster effizient unterstützt. Darüberhinaus können mit ihr alle anderen Primitiven implementiert werden, aber nicht umgekehrt, vorausgesezt daß zusätzliche Nachrichtentransfers vermieden werden sollen. Weitere Argumente für die Wahl dieser 'Low-Level'-Primitive sind in /Salt81/, /Lisk79/ und /Chap82/ zu finden.

Die von der ATOK-Komponente bereitgestellten Kommunikationsprimitiven werden in Abb. 3.10 aufgelistet. *Send* ist eine nicht-blockierende Sende-Primitive, die 'one-to-many'-Interaktionsformen unterstützt. Sie sendet die durch Parameter *M* spezifizierte Nachricht zu den durch Parameter *PoL* bezeichneten Message Ports. Dabei können die Ziel-Ports sowohl durch Entry- als auch Port-Adressen identifiziert werden. Die Parameter *T* und *Ty* sind optional und können dazu benutzt werden, um einer Nachricht einen TransaktionsId und einen benutzerdefinierten Nachrichtentyp zuzuordnen.

---

1. *Send (PoL:ListOfPortId, T:TId, Ty:MsgType, M:Message)*
2. *Listen (PoL:ListOfPortAdr)* <u>*returns*</u> *(Po:PortAdr)*
3. *RemoveMessage (Po:PortAdr)* <u>*returns*</u> *(Po:PortAdr)*
   (T:TId, Ty:MsgType, M:Message, E:EntryAdr)
4. *Listen&Remove (PoL:ListofPortAdr)* <u>*returns*</u>
   (Po:PortAdr, T:TId, Ty:MsgType, M:Message, E:EntryAdr)

Abb. 3.10. 'Low-Level'-Kommunikationsprimitiven

Für das Empfangen von Nachrichten bzw. Warten auf das Eintreten von Ereignissen bietet die ATOK-Komponente die Primitiven *Listen*, *RemoveMessage* und *Listen&Remove* an. *Listen* hört an den durch Parameter *PoL* identifizierten Ports. *PoL* kann sowohl Message Ports als auch Event Ports spezifizieren. Ein Prozeß, der *Listen* aufruft, wird blockiert, wenn von keinem der spezifizierten Ports eine Nachricht verfügbar bzw. ein Flag gesetzt ist. Der rufende Prozeß bleibt solange blockiert, bis entweder eine Nachricht ankommt oder ein Flag gesetzt wird. Terminiert *Listen*, so wird die Port-Adresse des Ports, von dem eine Nachricht verfügbar ist bzw. dessen Flag gesetzt ist in Parameter *Po* zurückgemeldet. *RemoveMessage* entfernt eine Nachricht von dem durch Parameter *Po* identifizierten Port und übergibt die Nachricht in Parameter *M*. Ist der empfangenen Nachricht ein TransaktionsId oder ein Nachrichtentyp zugeordnet, so wird dieser in Parameter *T* bzw. Parameter *Ty* übergeben. Wurde das Ziel der Nachricht durch eine Entry-Adresse identifiziert, so wird diese in Parameter *E* zurückgemeldet. Die Primitive *Listen&Remove* ist eine Kombination von *Listen* und *RemoveMessage*. Sind in den durch

Parameter *PoL* spezifizierten Ports eine oder mehrere Nachrichten verfügbar, so übergibt *Listen&Remove* sofort eine dieser Nachrichten in *M*.

In vielen Kommunikationssystemen ist die Definition von Timeout-Ereignissen an die Empfangsprimitive gekoppelt (s. z.B. ACCENT /Rash81/, COSI /Terr83/ und /Lisk79/). Die von diesen Systemen angebotenen Empfangsprimitiven erlauben einem rufenden Prozeß zu spezifizieren, wie lange er auf die Ankunft einer Nachricht warten will. Wird z.B. Empfange(Timeout,...) aufgerufen, so wird implizit ein Timer mit dem durch Parameter Timeout spezifizierten Timeout-Intervall gestartet. Der rufende Prozeß ist blockiert bis entweder eine Nachricht eintrifft oder der Timer abläuft. Diese Art, Timeout-Ereignisse zu definieren, hat zwei gravierende Nachteile. Der erste Nachteil ist, daß ein Timer nur zum Zeitpunkt des Aufrufs der Empfangsprimitive gestartet werden kann. Es gibt jedoch genügend Kommunikationsmuster, für deren Implementierung es möglich sein sollte, ein Timeout-Ereignis vor dem Aufruf der Empfangsprimitive zu definieren. Führt ein Client zwischen dem Senden eines Auftrags und dem Empfangen der Antwort noch andere Aktivitäten aus, so sollte der Timer sofort nach dem Senden des Auftrags gestartet werden. Der zweite Nachteil ist, daß maximal ein Timeout-Ereignis pro Aufruf der Empfangsprimitive definierten werden kann. Erwartet ein Prozeß mehrere Nachrichten mit unterschiedlichen Timeout-Intervallen, so sollte er beim Aufruf der Empfangsprimitive mehrere Timeout-Ereignisse spezifizieren können. Dies ist notwendig, da ein Prozeß für gewöhnlich nicht vorhersehen kann, welches der ausstehenden Timeout-Ereignisse als nächstes eintritt.

Im Gegensatz dazu können mit dem vom Kern unterstützten Konzept der Event Ports zu jedem Zeitpunkt und unabhängig von den Empfangsprimitiven *Listen* und *Listen&Remove* Timeout- und Watch-Ereignisse definiert werden. Darüberhinaus können bei einem Aufruf von *Listen* bzw. *Listen&Remove* beliebig viele Ereignisse spezifiziert werden. Ein weiterer Vorteil des Konzepts der Event Ports ist seine Erweiterbarkeit. Es können weitere Typen von

Ereignissen definiert werden, ohne daß dabei bereits bestehende Primitiven geändert werden müssen. In VTOAS spielen Transaktionszustände eine wichtige Rolle (s. Kap. 4). Es wäre z.B. möglich, weitere Watch-Primitiven zur Überwachung von Transaktionszuständen zu definieren, wie etwa eine *WatchAborted* Primitive, die den Abbruch einer überwachten Transaktion signalisiert.

Abb. 3.11 skizziert das zur Implementierung eines Auftrag/Antwort-Musters notwendigen Programm. In dem Beispiel bezeichnet *DestPort* den Ziel-Port und *DestNode* den Zielknoten des durch *Request* spezifizierten Auftrags; *RetPort* bezeichnet den Port, an dem die Antwort empfangen werden soll.

```
(*Watch auf Zielknoten setzten*)
WatchUnreachable (DestNode) returns (WEvent);
(*Auftrag an Ziel-Port senden*)
Send ((DestPort),-,-,Request);
(*Timer starten*)
StartTimer (Time) returns (TEvent);
             ...

repeat
    Listen ((RetPort,WEvent,TEvent)) returns (Port);
    case Port of
        RetPort: begin RemoveMessage (Port) returns (Result,-);
                 Received:=true end;
        WEvent:  begin write ('Server nicht erreichbar');
                 Unreachable:=true end;
        TEvent:  begin Send ((DestPort),-,-,Request);
                 StartTimer (Time) returns (TEvent) end
    end
until  Received or Unreachable;
```

Abb. 3.11. Programm zur Implementierung eines
           Auftrag/Antwort-Musters

3.3.5 Beispiel

Um zu zeigen, wie die von der ATOK-Komponente angebotenen Primitiven benutzt werden können, werden im folgenden die zur Implementierung der in Kap. 3.2.5 beschriebenen Datenmanager-Modelle notwendigen Programme skizziert. In jedem dieser Programme wird angenommen, daß die beiden FP-Klassen R/W-Class und C/A-Class bereits existieren. Die Prozesse des Typl-Clusters DMl sind Ausführungen des in Abb. 3.12a dargestellten Programms. In diesem Programm wird angenommen, daß sowohl C/A-Class als auch R/W-Class anfangs einen C-Entry enthält. Abb. 3.12c zeigt das mit dem Typ2-Cluster DM2 verbundene Programm. Hier wird davon ausgegangen, daß R/W-Class in ihrem Initialzustand einen C-Entry und C/A-Class keinen Entry enthält. In Abb. 3.12b und 3.12d werden die mit Typ3-Cluster DM3 bzw. Typ4-Cluster DM4 verbundenen Programme skizziert. In beiden Programmen wird angenommen, daß weder R/W-Class noch C/A-Class in ihrem Initialzustand einen Entry enthalten. In jedem der vier Programmbeispiele werden die beiden (in der Anwendung realisierten Prozeduren) *Exec-R/W* und *Exec-C/A* zur Bearbeitung von R/W-bzw. C/A-Aufträgen benutzt. Wie diese Prozeduren realisiert sind, ist hier nicht von Bedeutung.

Abb. 3.12. Programmbeispiele für einen Datenmanager

```
program DM1;
begin (*Abfragen der Port-Adr der C-Entries in R/W-Class und
        C/A-Class und Öffnen dieser Entries*)
  GetAdrC-Entry (R/W-Class) returns (R/W-Port);
  GetAdrC-Entry (C/A-Class) returns (C/A-Port);
  OpenC-Port (R/W-Port); OpenC-Port (C/A-Port);

  while true do
  begin Listen&Remove ((R/W-Port,C/A-Port)) returns
                      (Port,T,-,Request,-);
    (*Abarbeiten des Auftrags*)
    case Port of
        R/W-Port: Exec-R/W (T,Request);
        C/A-Port: Exec-C/A (T,Request)
    end
  end
end.
```
                        (a)


```
program DM3;
begin (*Abfragen der Port-Adr des Initial-Ports und entfernen des
        ersten R/W-Auftrags*)
  GetAdrInitialPort () returns (R/W-Port);
  RemoveMessage (R/W-Port) returns (T,-,Request,E-Adr);

  (*Kreieren eines neuen Ports und Installation des Ports als
  P-Entry von E-Adr.T in C/A-Class - E-Adr ist ein Record
  bestehend aus den Komponenten E-Adr.T (TransaktionsId) und E-
  Adr.C (Klassen-Id). Hier wurde mit Absicht anstatt Parameter
  T der Parameter E-Adr.T benutzt, da in manchen Anwendungen
  (nicht in diesen Beispielen) T und E-Adr.T unterschiedlich
  sein können*)
  CreateP-Port () returns (C/A-Port);
  InstallP-Entry (C/A-Class,E-Adr.T,C/A-Port);

  (*Abarbeiten des ersten R/W-Auftrags von T*)
  Exec-R/W (T, Request);

  (*Abarbeiten der weiteren Aufträge von T*)
  while true do
  begin Listen&Remove ((R/W-Port,C/A-Port)) returns
                      (Port,T,-,Request,-);
    case Port of
        R/W-Port: Exec-R/W (T,Request);
        C/A-Port: begin Exec-C/A (T,Request);
                  (*Zerstören der Ports und des Prozesses*)
                  DestroyPort (R/W-Port);
                  DestroyPort (C/A-Port);
                  DestroyProcess (MyProcessId) end
    end
  end
end.
```
                        (b)

Fortsetztung Abb. 3.12.

```
program DM2;
begin (*Abfragen der Port-Adr des C-Entries von R/W-Class und
         Öffnen dieses Entries*)
  GetAdrC-Entry (R/W-Class) returns (R/W-Port1);
  OpenC-Port (R/W-Port1);

  while true do
  begin Listen&Remove ((R/W-Port1)) returns (-,T,-,Request,E-Adr);
    (*Erfragen Port-Adr des P-Entries von E-Adr.T in R/W-Class*)
    GetAdrP-Entry (R/W-Class,E-Adr.T) returns (R/W-Port2);

    (*Kreieren eines neuen Ports und Installieren des Ports
       als P-Entry von E-Adr.T in C/A-Class*)
    CreateP-Port () returns (C/A-Port);
    InstallP-Entry (C/A-Class,E-Adr.T,C/A-Port);

    (*Abarbeiten des ersten R/W-Auftrags von T*)
    Exec-R/W (T,Request); Terminated := false;

    (*Abarbeiten der weiteren Aufträge von T*)
    while not Terminated do
    begin Listen&Remove ((R/W-Port2,C/A-Port)) returns
                        (Port,T,-,Request,-);
        case Port of
          R/W-Port2: Exec-R/W (T,Request);
          C/A-Port:  begin Exec-C/A (T,Request);
                      (*Zerstören der P-Entries*)
                      DestroyPort (C/A-Port);
                      DestroyPort (R/W-Port2);
                      Terminated := true end
        end
    end
  end
end.
```
                              (c)

```
program DM4;
begin (*Abfragen der Port-Adr des Initial-Ports und entfernen des
         Auftrags*)
  GetAdrInitialPort () returns (Port);
  RemoveMessage (Port) returns (T,-,Request,E-Adr);

  (*Abarbeiten des Auftrags*)
  case E-Adr.C of
    R/W-Class: Exec-R/W (T, Request);
    C/A-Class: Exec-C/A (T, Request)
  end;

  (*Zerstören des Ports und des Prozesses*)
  DestroyPort (Port);
  DestroyProcess (MyProcessId)

end.
```
                              (d)

3.4 ZUSAMMENFASSUNG

In diesem Kapitel wurde die ATOK-Komponente des Kerns vorgestellt. Die von dieser Komponente bereitgestellten Primitiven sind allgemein und flexibel genug, um die Vielzahl der in transaktionsorientierten Anwendungen auftretenden Kommunikationsmuster unterstützen zu können. Die ATOK-Komponente ist die geeignete Grundlage, auf der VTOAS beliebiger Art _effizient_ implementiert werden können.

Die ATOK-Komponente liefert den konzeptuellen Rahmen zur Strukturierung von VTOAS. Komplexe Anwendungen können in eine Anzahl von Prozeß-Cluster zerlegt werden, die zum Zwecke der Transaktionsverarbeitung miteinander kooperieren. Ein Prozeß-Cluster realisiert und exportiert eine Menge von Diensten, die von anderen Clustern des Systems für die Transaktionsverarbeitung benutzt werden können.

Das der ATOK-Komponente zugrundegelegte indirekte Kommunikationskonzept kennt zwei Adressierungsebenen: Ports können entweder durch Port- oder Entry-Adressen lokalisiert werden. Der erste Adressentyp entspricht einer physikalischen Adresse, während der zweite Typ die funktionale Adresse eines Ports darstellt. Die funktionale Adressierung basiert auf dem neuen Konzept der FP-Klassen. Werden FP-Klassen für die Repräsentation von DZO benutzt, so ist garantiert, daß ein Cluster für jede Transaktion, die den Dienst des Clusters benutzt, dieselbe Schnittstelle aufweist. Darüberhinaus wird gewährleistet, daß die Schnittstelle von der internen Organisation des Clusters absolut unabhängig ist.

Der von der ATOK-Komponente bereitgestellte Mechanismus für das dynamische Kreieren von Prozessen basiert ebenfalls auf dem Konzept der FP-Klassen. Durch die Manipulation der Port-Struktur einer FP-Klasse vom Typ Kreativ/Nicht-Installierend bzw. Kreativ/Installierend kann die Anwendung bestimmen, für welche der an einen Entry dieser Klasse adressierten Aufträge das (implizite) Kreieren eines neuen Prozesses erfolgen soll. Dieses Konzept ist allgemein genug, um die in VTOAS auftretenden dynamischen Prozeßstrukturen effizient zu unterstützten.

Die von der ATOK-Komponente bereitgestellten Funktionen für das Definieren von Ereignissen basieren auf dem Konzept der Event Ports. Jedes Ereignis wird durch genau einen Event Port identifiziert. Ein Prozeß kann Timeout-Ereignisse und Watch-Ereignisse definieren. Mit Hilfe der Watch-Primitiven kann die Erreichbarkeit von Knoten überwacht werden. Die Benutzung der bereitgestellten Watch-Primitiven ermöglicht effizientere und robustere Implementierungen.

Die ATOK-Komponente stellt eine Menge von 'Low-Level'-Kommunikationsprimitiven bereit. Diese Primitiven sind allgemein und flexibel genug, um eine Vielzahl von Kommunikationsmustern effizient zu unterstützen. Bedingt durch die geringe Komplexität der bereitgestellten Primitiven besteht jedoch die Gefahr, daß Implementierungen, die ausschließlich diese Primitiven benutzen, schwierig und zeitaufwendig werden. Aus diesem Grund bietet der Kern zusätzlich eine Menge von 'High-Level'-Kommunikationsprimitiven an. Auf diese Primitiven wird im nächsten Kapitel eingegangen.

4. DIE TM-KOMPONENTE

4.1 MOTIVATION

Im vorigen Kapitel wurden die 'Low-Level'-Kommunikationsfunktionen des Kerns beschrieben, die bedingt durch ihre geringe Komplexität sehr allgemein und flexibel sind. Einerseits werden diese einfachen Funktionen benötigt, um eine Vielzahl von verschiedenen Kommunikationsmustern auf effiziente Weise unterstützen zu können. Andererseits können jedoch Implementierungen wegen der geringen Komplexität dieser Funktionen schwierig und zeitaufwendig werden.

Um die Implementierung von VTOAS zu vereinfachen, realisiert der Kern zusätzlich eine Menge von 'High-Level'-Funktionen, die auf die speziellen Kommunikationsbedürfnisse von VTOAS zugeschnitten sind. Eine Realisierung solcher Funktionen in einem Kern kann verschiedene Vorteilte bringen (s. auch Popek /Pope78/):

- Abstraktion:
  Bei der Implementierung eines VTOAS kann von der Realisierung der vom Kern bereitgestellten Funktionen abstrahiert werden. Abhängig von der Komplexität dieser Funktionen resultiert daraus eine mehr oder weniger große Vereinfachung der Implementierung.

- Sicherheit:
  Die sich im Kern befindenden Objekte können nur vom Kern selbst manipuliert werden und sind somit von einem unsachgemäßen Gebrauch seitens des VTOAS geschützt. Durch diesen Schutzmechanismus kann eine höhere Systemsicherheit gewährleistet werden.

- Effizienz:
  Manche Funktionen lassen sich im Kern effizienter implementieren als im VTOAS. Insbesondere kann durch eine Verlagerung

von Funktionen aus der Anwendung in den Kern die Anzahl der durchzuführenden Prozeßumschaltungen reduziert werden. In Systemen, in denen Prozeßumschaltungen teuer sind, kann dadurch eine beträchtliche Effizienzsteigerung erzielt werden.

Es stellt sich die Frage, welche Funktionen eines VTOS sinnvoll in einem Kern zu realisieren sind. Einerseits wäre es aus Gründen der Abstraktion, Effizienz und Sicherheit vorteilhaft möglichst viele Funktionen in den Kern zu verlagern. Andererseits muß aber verhindert werden, daß durch eine Realisierung von zu speziellen Funktionen, eine wichtige Zielsetzung, die Allgemeinheit des Kerns, nicht erfüllt werden kann.

Die vom Transaktionsmanagement (Abk. TM) eines VTOS bereitge-stellten Funktionen können ganz grob in zwei Klassen eingeteilt werden, in Koordinierungsfunktionen und Recovery- und Synchro-nisationsfunktionen (Abk. R/S-Funktionen). An der Ausführung einer Transaktion sind im allgemeinen mehrere Systemkomponenten beteiligt, die sich möglicherweise auf verschiedenen Knoten des VTOS befinden. Die Koordinierungsfunktionen steuern die Aktivi-täten der an der Ausführung einer Transaktion beteiligten Komponenten bezüglich der Initiierung, Migration und Terminierung der Transaktion. Die Art der Koordinierungsfunktionen wird ausschließlich durch das dem VTOS zugrunde gelegte Transaktions-modell beeinflußt. R/S-Funktionen werden für die Synchronisation konkurrierender Transaktionen und für die Restauration der Daten des VTOS nach Störungen benötigt. Im Gegensatz zu den Koordi-nierungsfunktionen sind die R/S-Funktionen vom Transaktionsmodell und vom Datenmodell des VTOS abhängig. Zum Beispiel ist die Wahl eines geeigneten Recovery- und Synchronisationsverfahrens von der Art der Datenobjekte und den darauf definierten Operationen abhängig, insbesondere dann, wenn die Parallelität im System durch die Auswertung der Semantik von Operationen oder durch schwächere Konsistenzbedingungen erhöht werden soll (s. z.B. /Allc83, Kort83, Reut82, Schw83/).

Während sich für die Koordinierungsfunktionen im Laufe der Zeit einige 'Standardkonzepte' herauskristallisiert haben, kann eine solche Übereinstimmung bei den R/S-Funktionen noch nicht festgestellt werden. Ein gutes Beispiel dafür sind die Synchronisationsverfahren: In der Literatur werden eine Vielzahl unterschiedlicher Synchronisationsverfahren beschrieben, und es besteht keineswegs ein Konsens darüber, welche Verfahren für welche Anwendungsklassen am besten geeignet sind.

Um dem Ziel der Allgemeinheit gerecht zu werden, realisiert der Kern nur Koordinierungsfunktionen. Dadurch wird gewährleistet, daß die Anwendbarkeit der vom Kern bereitgestellten Funktionen vom Datenmodell der Anwendung absolut unabhängig ist. Der Kern koordiniert die Initiierung, Migration und Terminierung von Transaktionen, wobei er keine Kenntnisse über die Datenobjekte und Operationen der Anwendung benötigt. Alle vom Datenmodell der Anwendung abhängigen Funktionen, wie etwa die R/S-Funktionen, werden außerhalb des Kerns, d.h. im VTOAS, realisiert.

Eine ähnliche Trennung zwischen Koordinations- und R/S-Funktionen ist in mehreren existierenden VTOS zu finden. Zum Beispiel werden in R* /Lind83/ die Koordinierungsfunktionen vom TRANSACTION MANAGER und die R/S-Funktionen vom DATABASE MANAGER ausgeführt, während im objektorientierten Betriebssystem CLOUDS /Allc83/ zwischen dem ACTION BOOKKEEPING SYSTEM und dem OBJEKT SYSTEM unterschieden wird. Allerdings sind die von diesen Systemen realisierten Koordinierungsfunktionen immer auf die jeweilige systemspezifische Umgebung zugeschnitten und sind daher nicht allgemein anwendbar.

Der Teil des Kerns, der die oben beschriebenen Koordinierungs-funktionen realisiert, wird als Transaktionsmanagement-Komponente (Abk. TM-Komponente) bezeichnet. Das der TM-Komponente zugrunde gelegte Transaktionsmodell unterstützt das Konzept der geschachtelten Transaktionen, d.h. Transaktionen können Trans-aktionen enthalten, die selbst wieder Transaktionen enthalten können, und so weiter. Dieses Modell ist sehr allgemein und flexibel und unterstützt ein breites Spektrum transaktionsorien-

tierter Anwendungen. In /Roth84b/, /Roth84c/ und /Roth85a/ werden
TM-Funktionen für zwei weitere, weniger komplexe Transaktionsmodelle beschrieben. Diese beiden Modelle können als Spezialfälle
des der TM-Komponente zugrunde gelegten Transaktionmodells
dargestellt werden und werden somit auch durch die in dieser
Arbeit beschriebenen TM-Funktionen unterstützt. Trotzdem kann es
aus Effizienzgründen sinnvoll sein, für jedes dieser Transaktionsmodelle einen individuellen Satz von TM-Funktionen bereitzustellen. Dieser Aspekt wird später noch ausführlich diskutiert
werden.

In diesem Kapitel werden schwerpunktmäßig die der TM-Komponente
zugrunde gelegten Konzepte und die von der TM-Komponente
bereitgestellten Funktionen beschrieben. (s. auch /Roth85b/). Auf
Implementierungsaspekte wird dann in Kap. 5 eingegangen. Der Rest
dieses Kapitels ist wie folgt untergliedert. Im nächsten Abschnitt wird das der TM-Komponente zugrunde gelegte Modell eines
VTOAS eingeführt. Dieses Modell stellt eine Erweiterung des in
Kap. 3.2 vorgestellten Modells dar. Im dritten Abschnitt werden
die Recovery- und Synchronisationskonzepte behandelt, die dann im
vierten Abschnitt bei der Beschreibung der von der TM-Komponente
bereitgestellten Funktionen zugrunde gelegt werden. Im fünften
Abschnitt wird anhand eines Beispiels demonstriert, wie sich die
TM-Funktionen anwenden lassen. Schließlich werden im letzen Ab-
schnitt Vergleiche mit anderen Arbeiten durchgeführt und mögliche
Erweiterungen der TM-Komponente diskutiert.

4.2 ERWEITERTES MODELL EINES VERTEILTEN TRANSAKTIONSORIENTIERTEN ANWENDUNGSSYSTEMS

In diesem Kapitel wird das von der TM-Komponente unterstützte
Modell eines VTOAS beschrieben. Dieses Modell ist eine
Erweiterung des in Kap. 3.2 eingeführten Modells. Der erste
Abschnitt dieses Kapitels beschreibt die Grundkomponenten des
erweiterten Modells. Im zweiten Abschnitt werden die notwendigen
Begriffe und Konzepte eingeführt, und im letzten Abschnitt wird

dann auf Recovery- und Synchronisationskonzepte eingegangen.

4.2.1 Komponenten des Modells

Zu den in Kap. 3.2 beschriebenen Grundkomponenten kommen noch drei weitere hinzu, nämlich Datenobjekte, Agenten, und atomare geschachtelte Transaktionen:

Datenobjekte:

Die Informationen des Systems werden in einer Menge von Datenobjekten gespeichert. Auf diesen Datenobjekten ist eine Anzahl von Konsistenzbedingungen definiert, deren Art von der jeweiligen Anwendung abhängt. Erfüllen die Datenobjekte des Systems alle Konsistenzbedingungen, so befinden sie sich in einem konsistenten Zustand. Von jeder Transaktion wird verlangt, daß sie die Datenobjekte des Systems von einem konsistenten in einen anderen konsistenten Zustand überführt.

Über die Art der Datenobjekte und über die Art der auf den Datenobjekten ausgeführten Operationen macht das Modell keine Aussage. Datenobjekte können z.B. Dateien, Indizes, Records oder Tupel sein, auf denen Lese- und Schreiboperationen ausgeführt werden. Datenobjekte können aber auch Instanzen abstrakter Datentypen (ADT) sein. Die in einer Instanz eines ADT gespeicherten Informationen können nur mit Hilfe der für diesen ADT definierten Operationen manipuliert werden. Das ADT Konzept im Zusammenhang mit atomaren Transaktionen wird z.B. von ARGUS /Lisk82/, CLOUDS /Allc83/ und TABS /Spec84/ unterstützt.

Agenten:

Agenten sind die aktiven Komponenten des VTOAS. Ein Agent ist eine Funktionseinheit, die sich vollständig auf einem Knoten befindet und aus einem oder mehreren Prozeß-Clustern aufgebaut ist. Agenten führen Transaktionen aus. Dabei können sie zum

Zwecke der Kooperation mit lokalen und entfernten Agenten durch Austausch von Nachrichten kommunizieren.

Ein Agent kann z.B. eine aktive Einheit eines verteilten Datenbanksystems sein, wie z.B. ein Transaktions-, Recovery- oder Query-Manager, oder eine aktive Komponente eines objektorientierten Systems darstellen. In TABS z.B. wird die Instanz eines ADT in einem 'Data Server' eingekapselt. Eine Operation auf einem abstrakten Datenobjekt wird aufgerufen, indem an den 'Data Server', der das Datenobjekt umschließt, ein Auftrag gesendet wird. Die 'Data Servers' in TABS, 'Guardians' in ARGUS und 'Processes' in CLOUDS können durch Agenten modelliert werden, um nur einige Beispiele zu nennen.

Atomare geschachtelte Transaktionen:

Eine atomare Transaktion ist eine Arbeitseinheit, deren Ausführung aus der Sicht eines externen Betrachters als atomar erscheint. Atomare Transaktionen werden durch die folgenden Eigenschaften charakterisiert:

- **Konsistenzerhaltung:**
  Eine erfolgreich beendete Transaktion erhält die Konsistenz der Daten. Das heißt, eine vollständig ausgeführte Transaktion überführt per Definition die Daten des Systems von einem konsistenten in einen anderen konsistenten Zustand.

- **Alles-oder-Nichts-Eigenschaft:**
  Eine Transaktion wird entweder vollständig ausgeführt, oder überhaupt nicht, d.h. wird eine Transaktion durch eine Störung abgebrochen, so müssen alle von ihr bisher durchgeführten Modifikationen rückgängig gemacht werden.

- **Isolation:**
  Eine parallele Ausführung von Transaktionen muß das gleiche Ergebnis liefern, wie wenn jede dieser Transaktionen isoliert ausgeführt wird. Die Isolationseigenschaft von Transaktionen

ist garantiert, wenn die Ausführung der Transaktionen serialisierbar ist (s. z.B. /Papa77, Papa79, Stea76/). Eine parallele Ausführung von Transaktionen ist serialisierbar, wenn sie das gleiche Ergebnis liefert wie irgendeine serielle Ausführung dieser Transaktionen.

- Permanenz:
Die Auswirkungen einer erfolgreich beendeten Transaktion können nicht mehr verloren gehen.

Transaktionen können auf zwei verschiedene Arten terminieren, durch Abbruch oder Commitment. Bricht eine Transaktion ab, so ist die Wirkung die gleiche, als hätte sie nie existiert: alle von der Transaktion geänderten Datenobjekte werden auf ihren früheren Zustand zurückgesetzt. Führt hingegen eine Transaktion das Commitment durch, so gehen alle modifizierten Datenobjekte in ihren neuen Zustand über.

Eine Transaktion kann entweder durch eine Transaktionsstörung oder durch eine Knotenstörung (d.h. Knotenzusammenbruch) abgebrochen werden. Ein Transaktionsstörung liegt dann vor, wenn die Transaktion von einem Benutzer oder dem System explizit abgebrochen wird. Dies kann z.B. der Fall sein, wenn der Benutzer aus irgendwelchen Gründen das Interesse an der Ausführung der Transaktion verloren hat oder im System eine Überlast oder eine Verklemmung vorliegt. Auf Knotenstörungen wurde bereits in Kap. 2.2 eingegangen.

In vielen in der Literatur beschriebenen Modellen haben Transaktionen eine flache Struktur (s. z.B. /Gray80, Lamp81a, Lind79/). Mit der Einführung des Konzepts der geschachtelten Transaktionen wird diese flache Struktur zu einer hierarchischen Struktur erweitert. Eine geschachtelte Transaktion kann eine beliebige Anzahl von Teiltransaktionen enthalten. Jede Teiltransaktion kann selbst wieder beliebig viele Teiltransaktionen enthalten, wobei die Schachtelungstiefe beliebig groß sein kann. Eine Transaktion, die nicht in einer anderen Transaktion enthalten ist, wird <u>Wurzeltransaktion</u> genannt. Im folgenden wird der Begriff der Transaktion zur Bezeichnung von Wurzeltransaktionen und Teiltransaktionen benutzt.

Teiltransaktionen sind atomare Einheiten, die unabhängig von den umgebenden Transaktionen terminieren können. Der Abbruch einer Teiltransaktion beeinflußt nicht den Ausgang der umgebenden Transaktion. Dagegen ist das Commitment von Teiltransaktionen relativ: Selbst wenn eine Teiltransaktion das Commitment durchgeführt hat, werden ihre Änderungen durch den Abbruch der umgebenden Transaktion zurückgesetzt. Die Änderungen einer Teiltransaktion werden erst dann permanent, wenn die umgebende Wurzeltransaktion das Commitment durchgeführt hat.

Geschachtelte Transaktionen haben gegenüber flachen Transaktionen mindestens drei Vorteile aufzuweisen: Erstens ermöglichen Teiltransaktionen ein einfaches und sicheres Zusammensetzen von Transaktionsprogrammen, wodurch die Modularität von Systemen erhöht werden kann. Zweitens kann durch das Konzept der Teiltransaktion die Parallelität innerhalb von Transaktionen kontrolliert werden, und drittens können Teiltransaktionen dazu benutzt werden, um einen Teil einer Transaktion von den Störungen eines anderen Teils der Transaktion zu schützen, wodurch die Robustheit von Systemen verbessert werden kann.

4.2.2 Begriffe und Konzepte

Im folgenden wird die zur Beschreibung der Schachtelungshierarchie notwendige Terminologie eingeführt. Wird eine Transaktion kreiert, so wird sie eine <u>Kindtransaktion</u> der umgebenden Transaktion. Umgekehrt ist eine Transaktion, die Kindtransaktionen hat, die <u>Elterntransaktion</u> dieser Kinder. Weiterhin werden die Begriffe <u>Vorgänger</u> und <u>Nachfolger</u> benutzt. Die Vorgänger-Relation ergibt sich aus der nicht-reflexiven transitiven Hülle der Eltern-Relation. Umgekehrt ergibt sich die Nachfolger-Beziehung aus der nicht-reflexiven transitiven Hülle der Kind-

Relation.

Die Schachtelungshierarchie einer Transaktion kann durch einen
sogenannten Transaktionsbaum dargestellt werden. Die Knoten im
Baum repräsentieren Transaktionen, während die Kanten die
Schachtelungsbeziehungen zwischen den Transaktionen darstellen.
In dem in Abb. 4.1 gezeigten Transaktionsbaum wird die Wurzeltransaktion durch Transaktion A repräsentiert. Transaktion C
hat drei Kinder, die Transaktionen D, E und F. Die Elterntransaktion von C ist Transaktion B. Die Nachfolger von C sind D, E, F,
und G; die Vorgänger von C sind B und A.

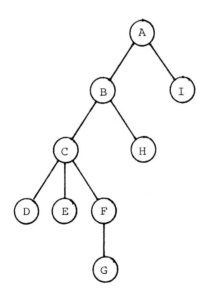

Abb. 4.1. Beispiel eines Transaktionsbaums

Transaktionen, die entweder das Commitment durchgeführt haben
oder abgebrochen sind, werden als aufgelöst bezeichnet. Eine
Transaktion kann jederzeit und unabhängig vom Zustand ihrer
Kinder abgebrochen werden. Dagegen kann eine Transaktion nur dann
das Commitment durchführen, wenn alle ihre Kinder aufgelöst sind.
Durch diese Restriktion werden die Recovery- und die

Synchronisationskonzepte für geschachtelte Transaktionen wesentlich vereinfacht. Eine Diskussion darüber ist bei Moss /Moss81/ und Liskov /Lisk84/ zu finden (s. auch Kap. 4.3.1).

Eine Teiltransaktion, die das Commitment durchgeführt hat, ist noch nicht permanent - sie kann noch durch den Abbruch einer Vorgängertransaktion oder durch einen Knotenzusammenbruch zurückgesetzt werden. Die Änderungen einer Teiltransaktion können erst dann permanent gemacht werden, wenn die umgebende Wurzeltransaktion das Commitment durchgeführt hat. Der Vorgang, durch den die Änderungen einer aufgelösten Transaktion permanent gemacht werden, wird im folgenden als Komplettierung der Transaktion bezeichnet. Eine Transaktion ist also erst dann vollständig beendet, wenn sie entweder abgebrochen oder komplettiert ist.

In dem der TM-Komponente zugrunde gelegten Modell eines VTOAS wird jede Transaktion vollständig von einem Agenten, dem Ausführungsagenten der Transaktion, ausgeführt. Während der Ausführung einer Transaktion kann ein Agent eine beliebige Anzahl von Teiltransaktionen kreieren, die entweder lokal oder von anderen Agenten ausgeführt werden. Der Agent, der eine Transaktion kreiert, wird als Ursprungsagent der Transaktion bezeichnet. Der Knoten, auf dem sich der Ausführungsagent (Ursprungsagent) einer Transaktion befindet, wird Ausführungsknoten (Ursprungsknoten) der Transaktion genannt.

Eine Transaktion, die von ihrem Ursprungsagenten ausgeführt wird, wird als lokale Transaktion bezeichnet, eine Transaktion, deren Ursprungs- und Ausführungsagent nicht identisch ist, wird als entfernte Transaktion bezeichnet. Die Adjektive 'lokal' und 'entfernt' entsprechen der Sicht des Ursprungsagenten der Transaktion.

Der Ursprungsagent einer entfernten Transaktion kann dem Ausführungsagenten der Transaktion eine beliebige Anzahl von

Arbeitsaufträgen schicken, die dieser innerhalb der Transaktion ausführt. Dieser Vorgang wird als Migration bezeichnet: eine Transaktion migriert in einem oder mehreren Arbeitsaufträgen von ihrem Ursprungsagenten zu ihrem Ausführungsagenten. Jeder Arbeitsauftrag spezifiziert eine Menge von Operationen, die innerhalb der Transaktion auszuführen sind. Nach der Bearbeitung eines Arbeitsauftrags sendet der Ausführungsagent eine Antwort zurück an den Ursprungsagenten. In Abb. 4.2a wird die Migration einer Transaktion schematisch dargestellt. Die entfernte Transaktion T2 migriert von ihrem Ursprungsagenten AG1 zu ihrem Ausführungsagenten AG2.

Da für eine Transaktion erst dann das Commitment durchgeführt werden kann, wenn alle Kinder aufgelöst sind, kann es vorkommen, daß der Ausführungsagent einer Transaktion auf die Auflösung unwichtiger entfernter Kinder warten muß. Ist z.B. der Ausführungsagent einer Kindtransaktion durch eine Netzwerkpartitionierung nicht verfügbar und ist der Zustand der Kindtransaktion dem Ausführungsagenten der Elterntransaktion unbekannt, so muß mit dem Commitment der Elterntransaktion gewartet werden, bis der Ausführungsagent der Kindtransaktion wieder verfügbar ist. Dieses Warten ist absolut unnötig, wenn das Kind für das Commitment der Elterntransaktion unwichtig ist. Ist z.B. in Abb. 4.2a der Agent AG2 nicht verfügbar und ist der Zustand von T2 dem Agenten AG1 unbekannt, so muß T1 mit dem Commitment warten, bis AG2 wieder verfügbar ist.

Solche unnötigen Wartesituationen können durch die Benutzung sogenannter Kontrolltransaktionen vermieden werden. Ein Agent kreiert zusammen mit einer entfernten Transaktion eine lokale Kontrolltransaktion. Während die entfernte Transaktion in einem oder mehreren Arbeitsaufträgen zu ihrem Ausführungsagenten migriert, verbleibt die Kontrolltransaktion auf ihrem Ursprungsagenten. In der Kontrolltransaktion, deren einziges Kind die entfernte Transaktion ist, werden keine Operationen ausgeführt. Ihr einziger Zweck ist es, dem Ursprungsagenten zusätzliche Kontrolle über den Ausgang der entfernten Transaktion

AG1   AG2

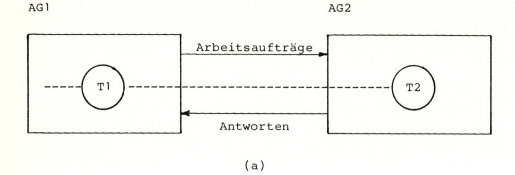

(a)

AG1   AG2

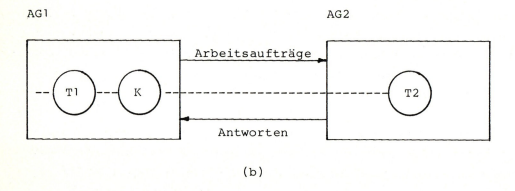

(b)

AG1 ... Ursprungsagent von T2
AG2 ... Ausführungsagent von T2
Ti ... Arbeitstransaktion i
K   ... Kontrolltransaktion

Abb. 4.2. Migration mit und ohne Kontrolltransaktion

---

zu geben - der Ursprungsagent kann die entfernte Transaktion
jederzeit und unabhängig von deren Zustand durch einen Abbruch
der Kontrolltransaktion zurücksetzen. Zur Unterscheidung werden
im folgenden alle Transaktionen, die keine Kontrolltransaktionen
sind, als Arbeitstransaktionen bezeichnet. Wo keine Unterscheidung notwendig ist bzw. der Typ aus dem Kontext ersichtlich
ist, wird für beide Typen der Begriff 'Transaktion' benutzt.

Abb. 4.2b zeigt die Migration der Arbeitstransaktion T2 unter

Benutzung einer Kontrolltransaktion K. Agent AG1 kann T2 nun jederzeit und unabhängig von deren Zustand durch einen Abbruch von K zurücksetzen.

In dem der TM-Komponente zugrunde gelegten Modell können Arbeitstransaktionen eine beliebige Anzahl von Kindtransaktionen haben. Die Kinder einer Arbeitstransaktion sind entweder lokale Arbeitstransaktionen oder (lokale) Kontrolltransaktionen. Eine Kontrolltransaktion hat dagegen genau ein Kind, nämlich eine Arbeitstransaktion, deren Ausführungsagent nicht mit dem der Kontrolltransaktion identisch ist. Abb. 4.3 zeigt das Beispiel eines Transaktionsbaums mit Kontroll- und Arbeitstransaktionen. In diesem Transaktionsbaum hat z.B. Arbeitstransaktion A2 zwei Kinder, die lokale Arbeitstransaktion A3 und die (lokale) Kontrolltransaktion K5.

Da in diesem Modell der Ausführungsagent einer Arbeitstransaktion auch alle Kinder der Transaktion auflöst, muß beim Commitment einer Arbeitstransaktion niemals auf die Auflösung unwichtiger Kinder gewartet werden - unwichtige Kinder können jederzeit durch Abbruch terminiert werden.

Da die Atomizität von Transaktionen auch durch Knotenzusammenbrüche nicht verletzt werden darf, muß das Knoten-Recovery trotz des Verlusts von flüchtigem Speicher in der Lage sein, sich an unbeendete Transaktionen zu erinnern. Aus diesem Grund wird für jede Transaktion ein stabiler Zustand definiert: der stabile Zustand einer Transaktion ist der Zustand, in den die Transaktion nach einem Knotenzusammenbruch zurückkehrt, d.h. der stabile Zustand einer Transaktion überlebt Knotenzusammenbrüche. Die stabilen Zustände, in denen sich eine Transaktion befinden kann, sind vom gewählten Recovery-Konzept abhängig.

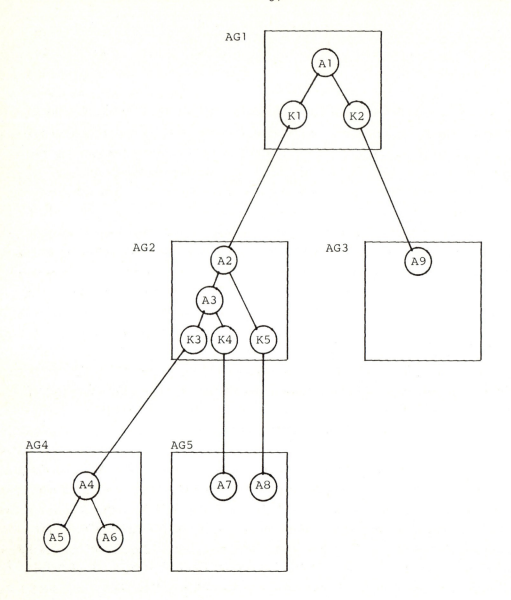

Ai ... Arbeitstransaktion i
Ki ... Kontrolltransaktion i
AGi ... Agent i

Abb. 4.3. Transaktionsbaum mit Kontroll- und Arbeitstransaktionen

4.2.3 Recovery- und Synchronisationskonzepte

Zwei wichtige Eigenschaften von atomaren Transaktionen sind die Isolationseigenschaft und die Alles-oder-Nichts-Eigenschaft. Während zur Erhaltung der ersten Eigenschaft Synchronisationsmechanismen erforderlich sind, werden zur Erhaltung der zweiten Recovery-Mechanismen benötigt.

Aufgabe der Synchronisationsmechanismen ist es, den gleichzeitigen Ablauf konkurrierender Transaktionen so zu steuern, daß die Ausführung dieser Transaktionen serialisierbar ist. Synchronisationsalgorithmen werden in der Literatur in großer Anzahl beschrieben. Im folgenden wird nur eine grobe Übersicht existierender Konzepte gegeben. Ein umfassender Überblick ist z.B. bei Bernstein, Goodman /Bern81/ und Kohler /Kohl81/ zu finden.

Für die Synchronisation von Transaktionen kann prinzipiell zwischen zwei Ansätzen gewählt werden, einem optimistischen und einem pessimistischen Ansatz. Beim optimistischen Ansatz wird davon ausgegangen, daß Konflikte zwischen Transaktionen sehr selten sind. Die Ausführung einer Transaktion erfolgt bei diesem Ansatz in drei aufeinanderfolgenden Phasen, der Lese-, Validierungs- und Schreibphase. In der Lesephase führt die Transaktion sämtliche Leseoperationen durch und bestimmt die neuen Werte der zu ändernden Datenobjekte - die Änderungen werden in dieser Phase jedoch noch nicht vorgenommen. In der Validierungsphase wird überprüft, ob das Commitment der Transaktion die Konsitenz der Daten verletzt. Ist dies der Fall, so wird die Transaktion zurückgesetzt und erneut gestartet. Andernfalls werden die Änderungen der Transaktion in der Schreibphase durchgeführt. Optimistische Verfahren werden z.B. von Kung, Robinson /Kung81/ und Ceri, Owicki /Ceri83/ beschrieben.

Im Gegensatz zum optimistischen wird beim pessimistischen Ansatz vor der Ausführung jeder Operation überprüft, ob die Operation mit einer anderen Operation in Konflikt steht. Wird ein pessimistischer Ansatz gewählt, so kann prinzipiell zwischen zwei Methoden unterschieden werden, nämlich Sperrmethoden und

'Timestamp Ordering'-Methoden (Abk. T/O-Methoden):

- Sperrmethoden

Die Sperrmethoden erhalten die Isolationseigenschaft von
Transaktionen, indem sie Konflikte zwischen Operationen entdecken und die Ausführung dieser Operationen so synchroni-
sieren, daß die Konsistenz der Daten nicht verletzt wird. Eine
Transaktion muß vor dem Zugriff auf ein Datenobjekt eine Sperre
für dieses Objekt besitzen. Die Sperre wird abhängig von der
auf dem Datenobjekt auszuführenden Operation in einem bestimmten Modus gesetzt. Welche Modi definiert sind und welche dieser
Modi miteinander in Konflikt stehen, ist von der jeweiligen
Anwendung abhängig. Während in den existierenden Datenbanksystemen meist zwei Sperrmodi, ein Lese- und ein Schreibmodus,
fest vorgegeben sind, können in einigen objektorientierten
Systemen vom Benutzer anwendungsspezifische Sperrmodi definiert
werden (z.B. in CLOUDS /Allc83/ und TABS /Schw83/).

Das weitestverbreitete Sperrprotokoll ist das 2-Phasen-
Sperrprotkoll /Eswa76/, dessen Prinzip durch die folgenden zwei
Regeln beschrieben werden kann: (1) verschiedene Transaktionen
dürfen nicht gleichzeitig miteinander in Konflikt stehende
Sperren besitzen, und (2) nachdem eine Transaktion eine Sperre
freigegeben hat, darf sie keine weitere Sperren mehr setzen.
Regel (2) bewirkt, daß für jede Transaktion das Setzen und
Freigeben von Sperren in 2 Phasen abläuft: In der ersten Phase
('growing phase') werden sämtliche von der Transaktion
benötigten Sperren gesetzt. Mit der Freigabe der ersten Sperre
geht die Transaktion in die zweite Phase ('shrinking phase')
über, in der sie alle Sperren freigibt und keine weiteren
Sperren mehr setzen darf.

Auf dem 2-Phasen-Sperrprotokoll basierende Synchronisationsverfahren für flache Transaktionen werden z.B. von Stonebraker
/Ston79/, Thomas /Thom79/ und Garcia-Molina /Garc79/ beschrieben. Entsprechende Verfahren für geschachtelte Transak-

tionen sind z.B. bei Moss /Moss81/, Liskov /Lisk84/ und Allchin /Allc83/ zu finden.

- T/O-Methoden

In den auf T/O basierenden Synchronisationsverfahren wird die Serialisierungsordnung a priori bestimmt. Bei der Ausführung der Transaktionen muß diese Ordnung eingehalten werden. Jeder Transaktion wird eine eindeutige Zeitmarke ('timestamp') zugeordnet. Alle Lese- und Schreiboperationen einer Transaktion sind mit der Zeitmarke der Transaktion behaftet. Miteinander in Konflikt stehende Operationen werden in Zeitmarkenordnung durchgeführt. Welche Operationen miteinander in Konflikt stehen ist von der jeweiligen Anwendung abhängig.

Verschiedene T/O-Methoden für flache Transaktionen werden von Bernstein, Goodman /Bern80/ beschrieben. Ein T/O-Verfahren zur Synchronisation geschachtelter Transaktionen wird von Reed /Reed78, Reed83/ vorgeschlagen.

Bei der Anwendung von Sperrverfahren werden Transaktionen gezwungen auf die Freigabe von Sperren zu warten. Geschieht dieses Warten unkontrolliert, so können Systemverklemmungen (Deadlocks) auftreten. Für die Lösung der Verklemmungsproblematik in VTOS sind prinzipiell zwei Vorgehensweisen möglich: das Erkennen und Beseitigen von Verklemmungen (Detection) und das Vermeiden von Verklemmungen (Prevention). Algorithmen für die erste Vorgehensweise sind z.B. in /Moss81/ und /Ober82/ zu finden, während Algorithmen für die zweite Vorgehensweise z.B. in /Rose78/ und /Thom79/ beschrieben werden.

Da die Alles-oder-Nichts-Eigenschaft von Transaktionen trotz Knoten- und Transaktionsstörungen erhalten bleiben muß, sind Recovery-Mechanismen erforderlich. Diese Mechanismen werden benötigt, um die Datenobjekte des Systems nach einer Störung wieder in einen konsistenten Zustand zu bringen - ein konsistenter Zustand enthält nur die Auswirkungen erfolgreich beendeter Transaktionen. Auswirkungen von abgebrochenen Transaktionen werden entfernt. Im folgenden wird nur eine grobe Übersicht über die verschiedenen Recovery-Konzepte gegeben. Eine umfassende Übersicht solcher Methoden kann bei Härder, Reuter /Härd83/ und Kohler /Kohl81/ gefunden werden.

Im folgenden wird angenommen, daß für jedes Datenobjekt eine flüchtige und eine permanente Version existiert. Während sich die flüchtige Version in flüchtigem Speicher befindet, ist die permanente Version in stabilem Speicher abgelegt und überlebt somit Knotenzusammenbrüche. Änderungen des Objekts werden zuerst auf der flüchtigen Version ausgeführt und werden dann an bestimmten, von der zugrunde gelegten Recovery-Strategie abhängigen Zeitpunkten in die permanente Version des Objekts übernommen. Beim Recovery können prinzipiell zwei Methoden unterschieden werden:

- 'Careful Replacement'-Methode /Verh78/:

  Bei dieser Methode werden modifizierte Teile der flüchtigen Version eines Objekts niemals direkt in die permanente Version des Objekts übernommen, d.h. die permanente Version wird niemals mit modifizierten Teilen der flüchtigen Version überschrieben. Stattdessen wird bei der Änderung eines Objekts eine neue Version des Objekts in stabilem Speicher erzeugt, die die alte permanente Version (Schattenversion) ersetzt, wenn die modifizierende Transaktion das Commitment durchführt. Diese Ersetzung wird 'vorsichtig' durchgeführt, d.h. die von der Transaktion modifizierten Objekte werden in einem atomaren Schritt ersetzt. Kommt es vor dem Commitment der Transaktion zu einer Knotenstörung oder wird die Transaktion aus einem sonstigen Grund abgebrochen, so werden die neuen Versionen der von der Transaktion modifizierten Objekte einfach weggeworfen. Bei Anwendung der 'Careful Replacement'-Methode befinden sich die permanenten Versionen der Objekte immer in einem konsistenten Zustand, d.h. sie enthalten zu jedem Zeitpunkt nur Änderungen erfolgreich beendeter Transaktionen. Detaillierte Beschreibungen solcher Recovery-Methoden sind etwa bei Lorie /Lori77/

und Lampson /Lamp81a/ zu finden. Die Mehrzahl der in der Literatur beschriebenen Recovery-Verfahren für geschachtelte Transaktionen basieren auf dem 'Careful Replacement'-Ansatz (s. z.B. /Moss81/, /Allc83/, /Lisk84/ und /Muel83/).

- 'Update-In-Place'-Methode:

Im Gegensatz zu der 'Careful-Replacement'-Methode werden bei dieser Methode geänderte Teile der flüchtigen Version eines Objekts direkt in dessen permanente Version übernommen, d.h. Teile der permanenten Version werden mit den entsprechenden Teilen der flüchtigen Version des Objekts überschrieben. Bei der Anwendung dieser Methode muß Recovery-Information auf einen sogenannten Log geschrieben werden. Da der Log alle (erwarteten) Störungen überleben muß, wird er auf stabilem Speicher abgelegt. Abhängig von der jeweiligen Recovery-Strategie werden im Log sogenannte 'Undo- und/oder 'Redo'-Informationen gespeichert. Mit Hilfe der 'Undo'-Informationen können die Änderungen von abgebrochenen Transaktionen rückgängig gemacht werden, während mit Hilfe der 'Redo'-Informationen die durch Störungen verlorengegangenen Änderungen von erfolgreich beendeten Transaktionen nachvollzogen werden können. Eine detaillierte Diskussion von 'Logging'-Verfahren ist bei Gray /Gray78/ und Lindsay, et al. /Lind79/ zu finden. Ein 'Logging'-Verfahren für geschachtelte Transaktionen wird von Schwarz /Schw84/ beschrieben.

Im folgenden Kapitel werden ein auf der 'Careful Replacement'-Methode aufbauendes Recovery-Verfahren und ein 2-Phasen-Sperrprotokoll für geschachtelte Transaktionen beschrieben.

4.3 DAS RECOVERY- UND SYNCHRONISATIONSKONZEPT VON MOSS

Der erste Abschnitt dieses Kapitels beschreibt das von Moss /Moss81/ vorgeschlagene Recovery- und Synchronisationskonzept für geschachtelte Transaktionen. Da die meisten in der Literatur beschriebenen Recovery- und Synchronisationsverfahren für geschachtelte Transaktionen (vereinfachte) Varianten dieses Konzepts sind, wird es in Kap. 4.4 bei der Beschreibung der TM-Funktionen zugrunde gelegt. Im zweiten Abschnitt dieses Kapitels wird dann eine effiziente Realisierung dieses Konzepts skizziert.

4.3.1 Das Konzept

Das von Moss beschriebene Synchronisationskonzept basiert auf dem 2-Phasen-Sperrprotokoll. Vor der Beschreibung dieses Konzeptes müssen noch zwei Begriffe eingeführt werden, nämlich das Vererben und Bewahren von Sperren. Führt eine Teiltransaktion das Commitment aus, so vererbt sie alle ihre Sperren an ihre Elterntransaktion, die dann diese Sperren bewahrt. Besitzt eine Transaktion eine Sperre, so hat sie das Recht auf das gesperrte Datenobjekt zuzugreifen, bewahrt sie dagegen eine Sperre, so wird dadurch nur gewährleistet, daß nichts außerhalb dieser Transaktion auf das betreffende Datenobjekt zugreifen kann. Sperren können in zwei Modi, einem Schreib- und einem Lesemodus, gesetzt werden.

In dem von Moss beschriebenen Konzept wird davon ausgegangen, daß eine Transaktion erst dann das Commitment durchführt, wenn alle Kinder der Transaktion entweder das Commitment durchgeführt haben oder abgebrochen sind. Das Setzen und Freigeben von Sperren wird bei Moss durch vier Regeln bestimmt:

SR1: Eine Transaktion T darf für ein Datenobjekt O eine Schreibsperre besitzen, wenn keine andere Transaktion für O eine Sperre (in irgendeinem Modus) besitzt, und alle Bewahrer einer Sperre von O Vorgänger von T sind.

SR2: Eine Transaktion T darf für ein Datenobjekt O eine Lesesperre besitzen, wenn keine andere Transaktion für O eine Schreibsperre besitzt, und alle Bewahrer einer Schreibsperre von O Vorgänger von T sind.

SR3: Wird eine Transaktion T abgebrochen, so gibt sie alle Sperren, die sie besitzt bzw. bewahrt, frei.

SR4: Wenn eine Teiltransaktion das Commitment durchführt, werden alle Sperren, die sie besitzt oder bewahrt, an ihre Elterntransaktion vererbt. Die Elterntransaktion bewahrt jede dieser Sperren, und zwar im selben Modus, wie sie die Kindtransaktion besessen bzw. bewahrt hat.

Die in /Mue183/ und /Lisk84/ beschriebene Synchronisationskonzepte sind nur leicht modifizierte Varianten des Moss'schen Konzepts. Das von Allchin /Allc83/ vorgeschlagene Konzept fordert weniger Synchronisation innerhalb einer geschachtelten Transaktion - in diesem Konzept gibt es keine Synchronisation zwischen einer Elterntransaktion und ihren Kindern. Das in TABS /Spec84/ zu Grunde gelegte Synchronisationskonzept ist eine stark vereinfachte Variante des Konzepts von Moss. In TABS wird grundsätzlich ausgeschlossen, daß eine Transaktion auf ein Datenobjekt, das von einer verwandten Transaktion geändert wurde, zugreifen kann.

Abb. 4.4 zeigt ein Beispiel für das Vererben von Sperren. Zur Darstellung der Schachtelungshierarchie wurden Schachtelungsdiagramme /Moss81/ verwendet.

Das von Moss beschriebene Recovery-Konzept basiert auf der 'Careful Replacement'-Methode und garantiert, daß nach einem Abbruch einer Transaktion alle die von der Transaktion direkt oder indirekt (durch Nachfolger der Transaktion) modifizierten Datenobjekte restauriert werden. Ein Datenobjekt wird durch zwei Versionen repräsentiert, durch eine flüchtige Version und eine permanente Version. Die permanente Version enthält nur Änderungen erfolgreich beendeter Transaktionen und befindet sich somit immer in einem konsistenten Zustand. Sie ist auf stabilem Speicher abgelegt und überlebt dadurch Knotenstörungen. Die flüchtige Version wird auf flüchtigem Speicher abgelegt und geht somit durch Knotenstörungen verloren. Änderungen auf einem Datenobjekt

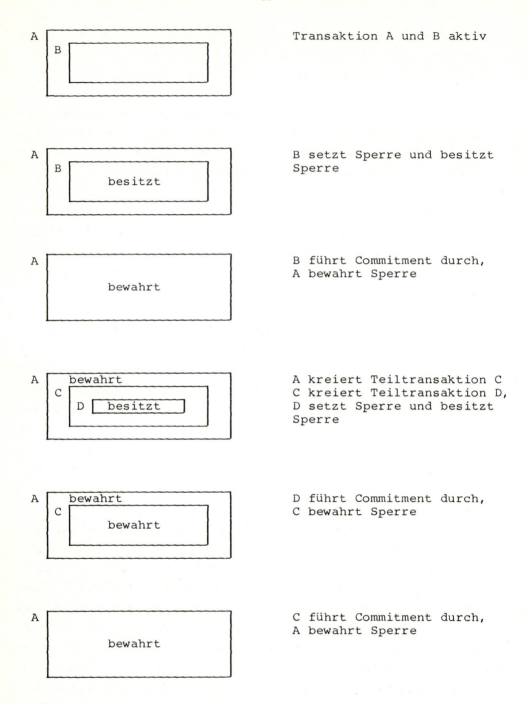

Abb. 4.4. Beispiel für das Vererben von Sperren

werden (zuerst) auf der flüchtigen Version des Objekts durchgeführt. Die flüchtige Version enthält alle Änderungen und reflektiert somit den aktuellen Zustand des Objekts.

Setzt eine Transaktion eine Schreibsperre auf ein Datenobjekt, so wird Recovery-Information erzeugt, die im Falle des Abbruchs der Transaktion eine Restauration der flüchtigen Version des Objekts auf den aktuellen Zustand ermöglicht. Diese Information wird in flüchtigem Speicher abgelegt und als BackUp-Zustand des Datenobjekts bezeichnet. Beim Abbruch der Transaktion wird der BackUp-Zustand benutzt, um den früheren Zustand der flüchtigen Version wiederherzustellen. Für jedes Datenobjekt existiert pro Transaktion, die eine Schreibsperre für dieses Objekt besitzt oder verwahrt, ein BackUp-Zustand.

Die Restauration von Datenobjekten mit Hilfe von BackUp-Zuständen geschieht bei Moss nach folgenden Regeln:

RR1: Wenn eine Transaktion eine Sperre auf einem Datenobjekt setzt, so wird ein BackUp-Zustand des Objekts erzeugt und der Transaktion zugeordnet. Dies wird aber nur dann ausgeführt, wenn nicht bereits ein BackUp-Zustand dieses Objekts für diese Transaktion existiert. Ein BackUp-Zustand kann z.B. bereits existieren, wenn ein Kind der Transaktion das Objekt (direkt oder indirekt) modifiziert und anschließend das Commitment durchgeführt hat.

RR2: Führt eine Teiltransaktion das Commitment durch, so werden alle ihre BackUp-Zustände der Elterntransaktion angeboten. Die Elterntransaktion akzeptiert einen BackUp-Zustand nur dann, wenn ihr nicht schon ein BackUp-Zustand für dieses Objekt zugeordnet ist. Hat die Elterntransaktion noch keinen BackUp-Zustand, so geht dieser Zustand nicht verloren und das Datenobjekt kann bei einem eventuellen Abbruch der Transaktion restauriert werden. Hat andererseits die Elterntransaktion bereits einen BackUp-Zustand für dieses Objekt, so ist dieser Zustand älter als der angebotene

Zustand und hat somit Vorrang.

RR3: Bricht eine Transaktion ab, so werden die ihr zugeordneten
BackUp-Zustände benutzt, um die flüchtige Version der direkt
oder indirekt modifizierten Datenobjekte zu restaurieren.
Danach können die BackUp-Zustände der Transaktion weggeworfen werden.

Abb. 4.5 zeigt ein Beispiel für das Vererben von BackUp-
Zuständen. Zur Darstellung der Schachtelungshierarchie wurden
ebenfalls Schachtelungsdiagramme verwendet.

4.3.2 Eine Realisierung

Im vorigen Kapitel wurden keinerlei Aussagen über eine mögliche
Realisierung der vorgestellten Konzepte gemacht. Es wurde z.B.
erwähnt, daß beim Commitment einer Teiltransaktion alle Sperren
und BackUp-Zustände dieser Transaktion vererbt werden, es wurden
aber keinerlei Aussagen darüber gemacht, wie eine solche Ver-
erbung vonstatten gehen soll. Da es Aufgabe der TM-Komponente ist,
die Terminierung von Transaktionen zu koordinieren, ist es z.B.
interessant zu wissen, welche Interaktionen für das Vererben von
Sperren und BackUp-Zuständen erforderlich sind und wie diese
Interaktionen von der TM-Komponente unterstützt werden können.
Aus diesem Grund wird im folgenden eine Realisierung der im
vorigen Kapitel vorgestellten Konzepte beschrieben. Um zu einer
möglichst klaren Darstellung zu gelangen, werden dabei einige
Sachverhalte vereinfacht, so daß in einer konkreten Realisierung
noch verschiedene Optimierungen hinsichtlich der Effizienz und
des Speicherbedarfs möglich sind.

In /Moss81/ wird eine Realisierung der im vorigen Kapitel
eingeführten Konzepte vorgeschlagen. In der dort vorgeschlagenen
Realisierung des Synchronisationskonzepts wird die Sperrinformation eines Datenobjekts lokal zu diesem Objekt abgelegt. Die
Sperrinformation eines Datenobjekts verzeichnet alle Besitzer und

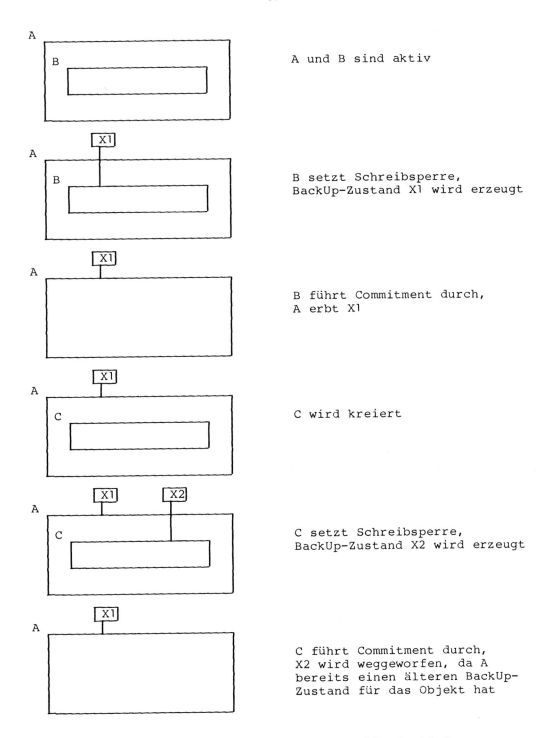

	A und B sind aktiv
	B setzt Schreibsperre, BackUp-Zustand X1 wird erzeugt
	B führt Commitment durch, A erbt X1
	C wird kreiert
	C setzt Schreibsperre, BackUp-Zustand X2 wird erzeugt
	C führt Commitment durch, X2 wird weggeworfen, da A bereits einen älteren BackUp- Zustand für das Objekt hat

Abb. 4.5. Beispiel für das Vererben von BackUp-Zuständen

Bewahrer einer Sperre dieses Objekts. Führt eine Transaktion das Commitment durch, so vererbt sie gemäß Regel SR4 alle Sperren, die sie besitzt bzw. bewahrt, an ihre Elterntransaktion. Da die Sperrinformation eines Datenobjekts auch die Bewahrer von Sperren enthält, muß beim Commitment einer Transaktion die Sperrinformation aller von der Transaktion direkt und indirekt (durch Nachfolger der Transaktion) benutzten Datenobjekte aktualisiert werden. Damit diese Aktualisierung durchgeführt werden kann, muß jeder Knoten, auf dem sich ein direkt oder indirekt benutztes Datenobjekt befindet, vom Commitment der Transaktion unterrichtet werden. Dieser Vorgang wird im folgenden als Propagierung bezeichnet. Die dafür erforderliche Kommunikation kann sehr aufwendig sein und zu Verzögerungen führen, insbesondere dann, wenn die Schachtelungstiefe der Transaktion groß ist.

In der im folgenden beschriebenen Realisierung wird ein anderer Ansatz gewählt. In diesem Ansatz enthält die Sperrinformation eines Datenobjekts keine Angaben über die Bewahrer einer Sperre. Dadurch wird gewährleistet, daß beim Commitment einer Transaktion die Sperrinformation der von der Transaktion indirekt benutzten Datenobjekte nicht aktualisiert werden muß, d.h. die Propagierung und der damit verbundene Kommunikationsaufwand entfallen völlig. Stattdessen müssen sogenannte Sperr-Queries durchgeführt werden. Eine Sperr-Query ist immer dann erforderlich, wenn eine Transaktion ein Datenobjekt sperren will, für das keine andere Transaktion eine im Konflikt stehende Sperre besitzt und für das mindestens eine verwandte Transaktion vor ihrem Commitment eine im Konflikt stehende Sperre besessen hat. Mit einer Sperr-Query kann festgestellt werden, ob alle Bewahrer einer Sperre Vorgänger einer bestimmten Transaktion sind.

Vor der Beschreibung dieser Realisierung müssen noch einige Begriffe eingeführt werden. Der Kleinste Gemeinsame Vorgänger (KGV) zweier Transaktionen ist der gemeinsame Vorgänger, der im Transaktionsbaum am weitesten von der Wurzel entfernt ist. Eine Transaktion T1 ist festgelegt zu einem Vorgänger T2, wenn T1 und alle Vorgänger von T1, die Nachfolger von T2 sind, das Commitment durchgeführt haben. Ist T1 bis T2 festgelegt, so führt ein Abbruch von T1 zum Abbruch von T2, d.h. T1 und T2 werden entweder beide komplettiert oder beide zurückgesetzt. In dem in Abb. 4.6 dargestellten Transaktionsbaum ist Transaktion T2 der KGV von T5 und T8. Transaktion T5 ist festgelegt zu den Transaktionen T4, T3 und T2, aber nicht zur Transaktion T1.

In der hier beschriebenen Realisierung kann eine Transaktion eine Sperre besitzen oder verwahren. Setzt eine Transaktion eine Sperre auf einem Datenobjekt, so besitzt sie diese Sperre bis zu ihrem Commitment oder Abbruch. Bricht eine Transaktion ab, so gibt sie ihre Sperren frei, führt sie dagegen das Commitment durch, so verwahrt sie ihre Sperren bis die umgebende Wurzeltransaktion das Commitment durchführt. Es sei hier darauf hingewiesen, daß der Begriff 'verwahren' eine ganz andere Bedeutung wie der im vorigen Kapitel eingeführte Begriff 'bewahren' hat.

Jede Sperre wird mit einer Zeitmarke versehen. Die Zeitmarken der Sperren müssen derart beschaffen sein, daß für jedes Paar von Sperren desselben Datenobjekts entschieden werden kann, welche der beiden Sperren zuerst gesetzt wurde (d.h. die Zeitmarken können durch einfache Sequenznummern realisiert werden). Die jüngste Sperre eines Datenobjekts ist von den auf dem Datenobjekt gesetzten Sperren diejenige, die zuletzt gesetzt wurde.

Für die hier beschriebene Realisierung müssen die im vorigen Kapitel eingeführten Regeln für das Setzen und Freigeben von Sperren etwas modifiziert werden:

SR1': Eine Transaktion T darf für ein Datenobjekt O eine Schreibsperre besitzen, wenn keine andere Transaktion eine Sperre (in irgendeinem Modus) für O besitzt und eine der beiden folgenden Bedingungen gilt:

B1: Es existiert keine Transaktion, die eine Lese- oder Schreibsperre für O verwahrt.

B2: Für T und V, den Verwahrer der jüngsten Sperre von O, existiert ein KGV, und V ist bis zu diesem KGV festgelegt.

SR2': Eine Transaktion T darf für ein Datenobjekt O eine Lesesperre besitzen, wenn keine andere Transaktion eine Schreibsperre für O besitzt und eine der beiden folgenden Bedingungen gilt:

B1: Es existiert keine Transaktion, die eine Schreibsperre für O verwahrt.

B2: Für T und V, den Verwahrer der jüngsten Schreibsperre von O, existiert ein KGV, und V ist bis zu diesem KGV festgelegt.

SR3': Wird eine Transaktion oder irgendein Vorgänger von ihr abgebrochen, so gibt sie alle Sperren, die sie verwahrt bzw. besitzt, frei.

SR4': Führt eine Teiltransaktion das Commitment durch, so gibt sie ihre Sperren nicht frei - nach dem Commitment verwahrt die Transaktion alle Sperren, die sie vor dem Commitment besessen hat. Die Zeitmarke und der Modus einer verwahrten Sperre bleiben erhalten.

RR5': Eine Transaktion gibt ihre Sperren frei, wenn ihre Wurzeltransaktion das Commitment durchführt.

In dem in Abb. 4.6 dargestellten Transaktionsbaum verwahren die Transaktionen T5 und T6 eine Sperre für das Datenobjekt O, wobei T6 der Verwahrer der jüngsten Sperre von O (Zeitmarke = 2) ist. Transaktion T8 kann O sperren, da T6 bis zu T2 (dem KGV von T8 und T6) festgelegt ist. Dagegen kann Transaktion T9 keine Sperre auf O setzen, da T2 das Commitment noch nicht durchgeführt hat.

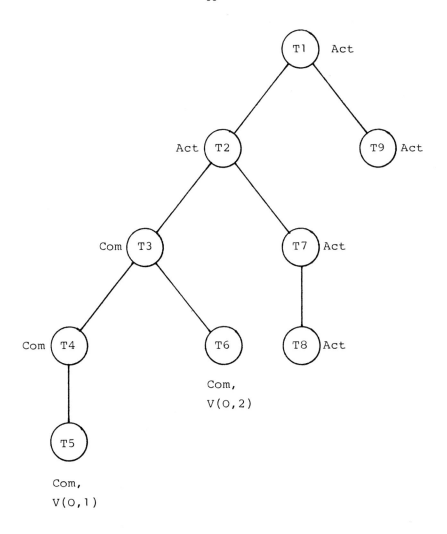

Act ... Transaktion ist noch aktiv

Com ... Transaktion hat Commitment durchgeführt

V(O,TS) ... Transaktion verwahrt Sperre für Datenobjekt O,
           Sperre ist Zeitmarke TS zugeordnet

Abb. 4.6. Beispiel für das Verwahren von Sperren

Wie leicht zu sehen ist, bewirkt die Regel SR1' (SR2') genau das
gleiche Synchronisationsverhalten wie die Regel SR1 (SR2). Dies
sei an folgendem Beispiel kurz verdeutlicht. Transaktion T möchte
eine Schreibsperre auf Datenobjekt O setzen, für das keine andere
Transaktion eine Sperre besitzt. M sei die Menge von Transaktionen, die mit T verwandt sind und eine Sperre von O verwahren,
und V sei der Verwahrer der jüngsten Sperre der Transaktionen in
M. Aus Bedingung B2 der Regel SR1' folgt, daß jede Transaktion in
M bis zu einem Vorgänger von V festgelegt ist. Ist V bis zum KGV
von T und V festgelegt, so folgt daraus, daß jede Transaktion in
M mindestens bis zu diesem KGV festgelegt ist. Im Sinne von Moss
heißt das aber, daß alle Bewahrer einer Sperre von O Vorgänger
von T sind.

In der hier beschriebenen Realisierung des Moss'schen Recovery-
Konzeptes ist im Gegensatz zu der in /Moss81/ vorgeschlagenen
Realisierung keine Propagierung erforderlich. Jeder BackUp-
Zustand ist mit einer Zeitmarke versehen. Die Zeitmarken der
BackUp-Zustände müssen so beschaffen sein, daß für jedes Paar von
BackUp-Zuständen desselben Datenobjekts entschieden werden kann,
welcher der beiden BackUp-Zustände zuerst erzeugt wurde. Ein
BackUp-Zustand B1 ist älter (jünger) als ein BackUp-Zustand B2,
wenn B1 vor (nach) B2 erzeugt wurde.

Das Restaurieren von Datenobjekten mit Hilfe von BackUp-Zuständen
wird in dieser Realisierung durch die folgenden Regeln bestimmt:

RR1': Setzt eine Transaktion eine Schreibsperre auf ein Datenob-
      jekt, so wird ein BackUp-Zustand für das Objekt erzeugt und
      der Transaktion zugeordnet.

RR2': Führt eine Teiltransaktion das Commitment aus, so behält
      sie ihre BackUp-Zustände.

RR3': Bricht eine Transaktion T oder irgendein Vorgänger von T
      ab, so werden für jedes Datenobjekt O, für das T ein
      BackUp-Zustand B zugeordnet ist, die folgenden

Operationen ausgeführt:

- Die flüchtige Version von O wird mit Hilfe von B restauriert.

- B und alle im Vergleich zu B jüngeren BackUp-Zustände von O werden weggeworfen. Alle BackUp-Zustände, die jünger als B sind, enthalten Änderungen von T und dürfen somit nicht mehr zur Restauration verwendet werden.

RR4': Die BackUp-Zustände einer Transaktion können weggeworfen werden, wenn die Wurzeltransaktion das Commitment durchführt.

Durch den o.b. Zeitmarkenmechanismus wird verhindert, daß BackUp-Zustände, die Änderungen bereits abgebrochener Transaktionen enthalten, noch zur Restauration herangezogen werden. Bricht in dem in Abb. 4.6 dargestellten Transaktionsbaum z.B. Transaktion T2 ab, so muß garantiert sein, daß das Datenobjekt O nach seiner Restauration den BackUp-Zustand von Transaktion T5 und nicht den von Transaktion T6 reflektiert.

In der hier beschriebenen Realisierung werden die Sperren und BackUp-Zustände nicht propagiert, wodurch die dafür notwendige Kommunikation entfällt. Dafür sind sogenannte Sperr-Queries notwendig. Möchte eine Transaktion T ein Datenobjekt sperren, für das mindestens eine andere Transaktion eine Sperre verwahrt und keine andere Transaktion eine Sperre besitzt, so muß überprüft werden, ob die Bedingung B2 der Regeln SR1' bzw. SR2' erfüllt ist. Dies geschieht durch eine Sperr-Query: ist V der Verwahrer der jüngsten Sperre des Datenobjekts, so wird auf dem Knoten, auf dem der KGV von T und V ausgeführt wird, angefragt, ob V bis zum KGV festgelegt ist. Ist dies der Fall, so kann T die Sperre setzen. Da zu vermuten ist, daß Konflikte zwischen verwandten Transaktionen relativ selten sind, ist der Kommunikationsaufwand, der durch die Sperr-Queries entsteht, vergleichsweise gering zu dem Kommunikationsaufwand, der durch die Propagierung hervorgerufen würde.

Eine Realisierung, die ebenfalls Sperranfragen benutzt wird von
Liskov /Lisk84/ beschrieben. Allerdings wird dort davon aus-
gegangen, daß Elterntransaktionen niemals parallel zu ihren
Kindtransaktionen ausgeführt werden, was zu einer wesentlichen
Vereinfachung der Verwaltung der Sperren und BackUp-Zustände
führt.

4.4 TRANSAKTIONSMANAGEMENT-FUNKTIONEN

Im ersten Abschnitt diese Kapitels wird eine kurze Übersicht über
die von der TM-Komponente bereitgestellten Funktionen gegeben. In
den folgenden Abschnitten werden dann die einzelnen Funktionen im
Detail beschrieben.

4.4.1 Übersicht

Die TM-Komponente des Kerns realisiert TM-Funktionen zur Koordi-
nierung der Initiierung, Migration und Terminierung von Transaktionen. Diese Funktionen benötigen keine Kenntnisse über die
Art der Datenobjekte und Operationen der jeweiligen Anwendung.
Im einzelnen realisiert der Kern folgende Funktionen:

Initiierungs-, Migrations- und Terminierungsfunktionen:

Die TM-Komponente stellt Primitiven für das Kreieren von lokalen
und entfernten Transaktionen bereit. Eine entfernte Transaktion
migriert in einem oder mehreren Arbeitsaufträgen von ihrem
Ursprungsagenten zu ihrem Ausführungsagenten, wobei der
Ursprungsagent für jeden gesendeten Arbeitsauftrag eine Antwort
erhält. Zur Unterstützung dieses Migrationskonzepts stellt die
TM-Komponente Kommunikationsprimitiven für das Senden von
Arbeitsaufträgen und den dazugehörigen Antworten bereit. Sie

garantiert einen zuverlässigen Nachrichtentransfer, so daß sich das VTOAS nicht um verlorengegangene oder duplizierte Arbeitsaufträge kümmern muß. Außerdem führt die TM-Komponente darüber Buch, welche Antwort zu welchem Auftrag gehört, und garantiert, daß für jeden Auftrag genau eine Antwort empfangen wird.

Jeder Arbeitsauftrag spezifiziert eine Menge von Operationen, die vom Empfänger des Auftrags ausgeführt werden sollen. Die Spezifikation der Operationen ist für die TM-Komponente transparent, d.h. die TM-Komponente kennt weder die Semantik noch die Syntax der Spezifikation. Durch diese Transparenz wird garantiert, daß die Anwendbarkeit der Migrationsprimitiven von der Art der Operationen der jeweiligen Anwendung unabhängig ist.

Die TM-Komponente eines Knotens koordiniert in Zusammenarbeit mit TM-Komponenten anderer Knoten das Terminieren von Transaktionen. Sie führt darüber Buch, welche Knoten an der Terminierung einer lokalen Transaktion mitwirken müssen und koordiniert die Aktivitäten dieser Knoten während der Terminierung.

Zur Erhaltung der atomaren Eigenschaft von Transaktionen sind neben den von der TM-Komponente bereitgestellten Terminierungsfunktionen noch (lokale) Recovery-Mechanismen notwendig. Diese Mechanismen werden im VTOAS realisiert und restaurieren nach dem Zusammenbruch einer Transaktion die von der Transaktion modifizierten Datenobjekte. Bricht z.B. eine Transaktion ab, so garantiert die TM-Komponente, daß für jeden Nachfolger der Transaktion ein BACKOUT-Auftrag empfangen wird. Der Empfang eines BACKOUT-Auftrags für eine Transaktion initiiert das Recovery im VTOAS, das dann die von der Transaktion modifizierten Datenobjekte restauriert, d.h. die Änderungen der Transaktion auf den lokalen Datenobjekten rückgängig macht.

Verwaltung stabiler Transaktionszustände:

Nach dem Zusammenbruch eines Knotens führt jede Schicht des VTOS, also Basissystem, Kern und VTOAS, Recovery durch. Da durch einen Knotenzusammenbruch der flüchtige Speicher des Knotens verloren geht, benötigt sowohl die TM-Komponente als auch das VTOAS die stabilen Zustände der lokal ausgeführten Transaktionen für ihr Recovery. Die TM-Komponente benötigt die stabilen Zustände für das Recovery ihrer Buchhaltungs- und Koordinierungsfunktionen, während sie das VTOAS zur Restauration der lokalen Datenobjekte benötigt. Zu diesem Zweck verwaltet der Kern sogenannte <u>Transaktionszustandstabellen</u> (Abk. TZ-Tabellen), die sich auf stabilem Speicher befinden und somit Knotenzusammenbrüche überleben. Aus der Sicht der TM-Komponente kann sich eine Transaktion entweder im Zustand 'UNKNOWN' oder im Zustand 'READY' befinden. Aus der Sicht des VTOAS sind diese zwei Zustände als ein 'Minimalsatz' aufzufassen: einerseits sind diese beiden Zustände in irgendeiner Form in jedem Recovery-Konzept vorhanden, andererseits gibt es jedoch Konzepte, für die zusätzliche Zustände erforderlich sind. Werden für das von der Anwendung gewählte Recovery-Konzept zusätzliche stabile Zustände benötigt, so müssen diese Zustände innerhalb des VTOAS realisiert werden. Dieser Aspekt wird in Kapitel 4.4.5 noch weiter diskutiert werden.

Im folgenden werden die von der TM-Komponente verwalteten stabilen Transaktionszustände kurz beschrieben (eine detailliertere Beschreibung ist in den folgenden Abschnitten zu finden):

- <u>'UNKNOWN'</u>: Der Initialzustand einer Transaktion ist 'UNKNOWN'. Dies entspricht einer Transaktion, für die kein Eintrag in einer TZ-Tabelle existiert. Der stabile Zustand einer vollständig beendeten, also komplettierten oder zurückgesetzten, Transaktion ist ebenfalls 'UNKNOWN'.

- <u>'READY'</u>: Eine Transaktion kann nur während der Commitment-Prozedur der (umgebenden) Wurzeltransaktion in den Zustand 'READY' kommen. In diesem Zustand kann die Transaktion unabhängig von Knotenstörungen zurückgesetzt oder komplettiert werden.

Das VTOAS kann pro Knoten eine oder mehrere TZ-Tabellen kreieren. Führt jeder Agent sein eigenes Recovery durch, wie es z.B. in objektorientierten Systemen üblich ist, so ist es sinnvoll, daß jeder Agent seine private TZ-Tabelle kreiert. Dadurch ist gewährleistet, daß jeder Agent auf die für ihn relevanten stabilen Transaktionszustände selektiv zugreifen kann. Gibt es dagegen auf jedem Knoten des VTOAS eine zentrale Recovery-Komponente, so ist eine TZ-Tabelle pro Knoten ausreichend.

Die TM-Komponente stellt eine Menge von Primitiven zur Verfügung, mit denen der Inhalt von TZ-Tabellen gelesen bzw. modifiziert werden kann. Das Anwendungssystem kann nur über diese Primitiven auf die TZ-Tabellen im Kern zugreifen. Durch ihre Realisierung im Kern sind die TZ-Tabellen vor unsachgemäßen Zugriff seitens der Anwendung geschützt.

4.4.2 Kreieren von Transaktionen und Transaktionszustandstabellen

1. *CreateRoot () returns (T:TId)*
2. *CreateLocalSub (Parent:TId) returns (T:TId)*
3. *CreateRemoteSub (Parent:TId) returns (T:TId)*
4. *CreateTST () returns (TST:TSTId)*
5. *DestroyTST (TST:TSTId)*

Abb. 4.7. Primitiven zum Kreieren von Transaktionen
und Transaktionszustandstabellen

In Abb. 4.7 werden die Primitiven für das Kreieren von Transaktionen und TZ-Tabellen dargestellt. In diesem und in den folgenden Abschnitten des Kapitels 4 werden bei der Beschreibung der Primitiven die für das Verständnis unwichtigen Parameter weggelassen. So müßte z.B., um bei einer falschen Anwendung einer Primitive einen Fehlercode zurückmelden zu können, die Parameterliste jeder Primitive um einen Parameter 'Status' erweitert werden. Eine detailierte Beschreibung der TM-Schnittstelle ist in /Zel185/ zu finden.

Eine Wurzeltransaktion kann durch einen Aufruf der *CreateRoot* Primitive kreiert werden. Nach der Terminierung von *CreateRoot* enthält Parameter *T* den global eindeutigen TransaktionsId der neu kreierten Transaktion. Während der Ausführung einer Transaktion kann ein Agent eine beliebige Anzahl von lokalen und entfernten Teiltransaktionen kreieren. Die *CreateLocalSub* Primitive kreiert eine lokale Arbeitstransaktion, die ein Kind der durch Parameter *Parent* identifizierten Elterntransaktion ist. Die *CreateRemoteSub* Primitive kreiert zwei Teiltransaktionen, eine (lokale) Kontroll-transaktion und eine entfernte Arbeitstransaktion. Parameter *Parent* identifiziert die Elterntransaktion der Kontrolltransak-tion. Während die Kontrolltransaktion auf dem aufrufenden Agenten verbleibt, migriert die Arbeitstransaktion, die das einzige Kind der Kontrolltransaktion ist, später in einem oder mehreren Arbeitsaufträgen zu ihrem Ausführungsagenten (s. Kap. 4.4.3). *CreateLocalSub* und *CreateRemoteSub* generieren für die kreierte Arbeitstransaktion einen global eindeutigen TransaktionsId und übergeben diesen in Parameter *T*. Dagegen wird für die von *CreateRemoteSub* kreierte Kontrolltransaktion kein Identifikator zurückgemeldet - er wird vom aufrufenden Agenten nicht benötigt, da aus der Sicht der Anwendung innerhalb einer Kontrolltransak-tion keine Operationen ausgeführt werden.

Ein Agent kann eine TZ-Tabelle durch einen Aufruf der *CreateTST* Primitive kreieren. *CreateTST* liefert den Identifkator der kreierten TZ-Tabelle im Parameter *TST* zurück. Wird eine TZ-Tabelle nicht mehr benötigt, weil z.B. der Agent, der sie kreiert hat, nicht mehr existiert, so kann sie durch einen Aufruf der Primitive *DestroyTST* gelöscht werden.

4.4.3 Migration und Auflösung von Teiltransaktionen

1. *Work (T:TId, ToPort,ResPort:PortId, Request:Data)*

2. *Work&Commit (T:TId, ToPort,ResPort:PortId, Request:Data)*

3. *Commit (T:TId,ToPort,ResPort:PortId)*

4. *Response (T:TId, Results:Data)*

5. *Committed (T:TId, Results:Data)*

6. *AbortControl (T:TId)*

7. *AbortWork (T:TId)*

8. *DefTermPorts (T:TId, PortL:ListOfPortId)*

9. *UndefTermPorts (T:TId, PortL:ListOfPortId)*

Abb. 4.8. Primitiven für die Migration und Terminierung von
         Teiltransaktionen

Abb. 4.8 zeigt die in diesem Kapitel eingeführten Primitiven. Die
in Abb. 4.9 dargestellten Raum-Zeit-Diagramme skizzieren die
wichtigsten der bei der Migration und Terminierung von Teiltransaktionen auftretenden Interaktionen. In diesen Diagrammen wird
der Raum in horizontaler Richtung und die Zeit in vertikaler
Richtung aufgetragen. Die vertikalen Achsen repräsentieren die
Schnittstellen zwischen den Agenten und dem Kern. Die Kreise und
die Querstriche auf diesen Achsen stellen stabile Transaktionszustände bzw. Funktionsaufrufe dar. Die gestrichelten Pfeile
(zwischen den Achsen) deuten Kern/Kern-Interaktionen an, während
die durchgezogenen Pfeile die Nachrichten, die in den Ports der
Agenten abgelegt werden, repräsentieren.

Nachdem ein Agent eine entfernte Arbeitstransaktion durch einen
Aufruf von *CreateRemoteSub* kreiert hat, kann er dem Ausführungsagenten dieser Transaktion eine beliebige Anzahl von Arbeitsaufträgen schicken. Durch einen Aufruf der Primitive *Work* kann
ein Agent einen WORK-Auftag zu dem durch Paramameter *ToPort*
identifizierten Port schicken (s. z.B. Abb. 4.9a). Parameter
Request spezifiziert die Operationen, die innerhalb der durch

Abb. 4.9. Interaktionen während des Migrierens und der
Auflösung von Teiltransaktionen

A/K ... Schnittstelle zwischen Agent und Kern

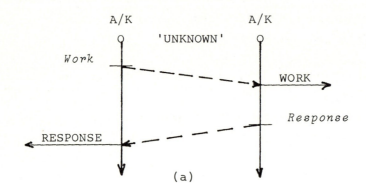

(a)

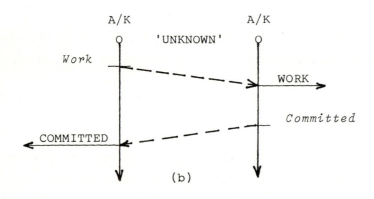

(b)

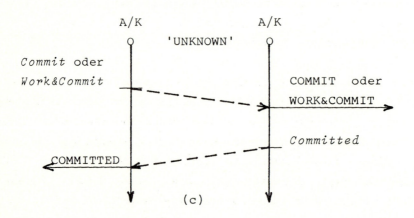

(c)

Fortsetzung Abb. 4.9

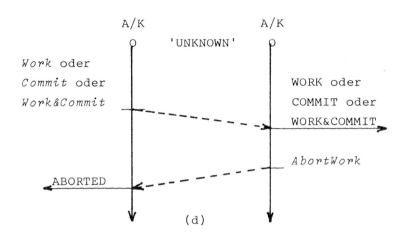

(d)

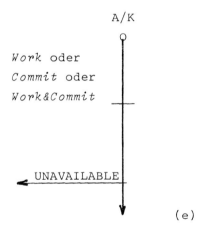

(e)

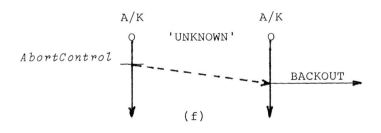

(f)

Parameter *T* bezeichneten Transaktion auszuführen sind.

Hat der Ursprungsagent einer Transaktion alle WORK-Aufträge gesendet, die er innerhalb der Transaktion ausgeführt haben will, so kann er den Ausführungsagenten der Transaktion durch einen Aufruf der Primitive *Commit* auffordern, für die Transaktion das Commitment durchzuführen. *Commit* sendet einen COMMIT-Auftrag zu dem durch Parameter *ToPort* identifizierten Port (s. z.B. Abb. 4.9c). Dabei bezeichnet Parameter *T* die zu terminierende Transaktion.

Die Primitive *Work&Commit* ist eine Kombination von *Work* und *Commit*. Sie sendet einen WORK&COMMIT-Auftrag zu dem durch Parameter *ToPort* bezeichneten Port (s. z.B. Abb. 4.9c). Parameter *Request* spezifiziert die Operationen, die vor dem Commitment der durch Parameter *T* identifizierten Transaktion noch auszuführen sind.

Ein Agent erhält für jeden Auftrag, den er durch einen Aufruf von *Work*, *Commit* oder *Work&Commit* gesendet hat, genau eine Antwort. Diese Antwort wird in dem durch Parameter *RetPort* identifizierten Port abgelegt. Die TM-Komponente garantiert unabhängig von Störungen für *Work*, *Commit* und *Work&Commit* die folgenden Eigenschaften:

E1: Ein vom Ursprungsagent gesendeter WORK-, COMMIT- bzw. WORK&COMMIT-Auftrag wird einmal oder überhaupt nicht an den Ausführungsagenten der betreffenden Transaktion ausgeliefert. Ein Auftrag wird nicht ausgeliefert, wenn die Transaktion, in der der Auftrag ausgeführt werden soll, durch eine Knoten- oder Transaktionsstörung abgebrochen oder durch den Abbruch einer Vorgängertransaktion zurückgesetzt wurde.

E2: Ein Agent bekommt für jeden gesendeten WORK-Auftrag genau eine RESPONSE-, COMMITTED-, ABORTED- oder UNAVAILABLE-Antwort. Für jeden gesendeten COMMIT- bzw. WORK&COMMIT-Auftrag bekommt er genau eine COMMITTED-, ABORTED- oder UNAVAILABLE-Antwort.

Der Ursprungsagent einer entfernten Arbeitstransaktion T kann also nach dem Aufruf einer der oben beschriebenen Primitiven eine RESPONSE-, COMMITTED-, ABORTED- oder UNAVAILABLE-Nachricht als Antwort empfangen. Diese Nachrichten haben die folgende Bedeutung:

- RESPONSE: Der Ausführungsagent hat den entsprechenden WORK-Auftrag bearbeitet. Die Nachricht kann eventuell die Ergebnisse der im WORK-Auftrag spezifizierten Operationen enthalten.

- COMMITTED: T hat das Commitment durchgeführt. Die Nachricht kann eventuell Ergebnisse des letzten in T durchgeführten WORK-bzw. WORK&COMMIT-Auftrags enthalten. Wird eine COMMITTED-Nachricht empfangen, so führt die TM-Komponente für die Kontrolltransaktion von T automatisch das Commitment durch.

- ABORTED: T wurde entweder durch eine Transaktions- oder Knotenstörung abgebrochen. Wird eine ABORTED-Nachricht empfangen, so bricht die TM-Komponente automatisch die Kontrolltransaktion von T ab.

- UNAVAILABLE: Der Ausführungsagent der Arbeitstransaktion ist durch eine Kommunikations- oder Knotenstörung nicht verfügbar. Diese Situation führt ebenfalls zu einem von der TM-Komponenten durchgeführten Abbruch der Kontrolltransaktion von T. Durch den Abbruch ihrer Kontrolltransaktion wird T unabhängig von ihrem aktuellen Zustand zurückgesetzt.

Work, *Commit* und *Work&Commit* sind asynchrone 'Remote Invocation Send'-Primitiven (Abk. RIS-Primitiven, s. auch Kap. 3.3.4). Während die synchrone RIS-Primitive den Sender eines Auftrags blockiert, bis die entsprechende Antwort empfangen wird, kann bei der asynchronen RIS-Primitive der Sender sofort nach dem Senden des Auftrags mit anderen Aktivitäten fortfahren. Die asynchrone RIS-Primitive hat gegenüber ihrer synchronen Variante zwei wesentliche Vorteile aufzuweisen: erstens ist sie allgemeiner und flexibler als die synchrone Primitive - z.B. kann mit der asynchronen Primitive die synchrone Primitive implementiert werden, aber nicht umgekehrt - und zweitens erlaubt sie im Vergleich zur synchronen Primitive mehr Parallelität im System. Zum Beispiel kann bei der Benutzung der asynchronen Primitive ein Prozeß mehrere Aufträge parallel zueinander ausführen lassen, indem er die Aufträge hintereinander versendet und dann erst auf die Antworten wartet. Dagegen können bei der Benutzung der synchronen Primitive die Auftäge eines Prozesses nur streng sequentiell verarbeitet werden.

Zu jedem Zeitpunkt darf höchstens eine Antwort pro Transaktion ausstehen, d.h. innerhalb einer Transaktion werden alle Aufträge sequentiell ausgeführt. Diese Restriktion verhindert unkontrollierte Parallelität innerhalb einer Transaktion und vereinfacht darüberhinaus die Schnittstelle und Implementierung der TM-Komponente wesentlich.

Empfängt ein Agent einen WORK-Auftrag für eine Transaktion, so führt er die in dem Auftrag spezifizierten Operationen innerhalb der Transaktion aus. Nach der Bearbeitung des Auftrags gibt es für ihn zwei Möglichkeiten fortzufahren: Kann der Agent von sich aus erkennen, daß innerhalb der Transaktion keine weiteren Operationen mehr auszuführen sind, so kann er für die Transaktion ohne Aufforderung des Ursprungsagenten das Commitment durchführen (s.u.). Werden z.B. innerhalb einer Transaktion nur 'Next Tupel'-Operationen eines Relationen-Scans ausgeführt, so kann der Ausführungsagent das Ende der Transaktion erkennen, sobald die 'Next Tupel'-Operation 'End of Scan' zurückmeldet. Kann dagegen der Agent von sich aus das Ende der Transaktion nicht erkennen, so ruft er die Primitive *Response* auf. Diese Primitive sendet eine RESPONSE-Nachricht zurück zum Ursprungsagenten der Transaktion (s. Abb. 4.9a). Parameter T identifiziert die Transaktion, in der der Arbeitsauftrag ausgeführt wurde; in Parameter *Results* können die Ergebnisse des Arbeitsauftrags übergeben werden.

Empfängt der Agent einen COMMIT-Auftrag für eine Transaktion, so führt er für die Transaktion das Commitment durch (s.u.).

Empfängt er einen WORK&COMMIT-Auftrag, so verarbeitet er vor dem Commitment der Transaktion die in dem Auftrag spezifizierten Operationen.

Mit dem Commitment einer Transaktion muß gewartet werden, bis alle Kinder der Transaktion aufgelöst sind. Andererseits kann für eine Transaktion das Commitment durchgeführt werden, ohne daß alle ihre Kinder das Commitment durchgeführt haben. Dies ermöglicht der Transaktion zu entscheiden, welche ihrer Kinder für sie wichtig sind und welche nicht. Will z.B. eine Transaktion ein Datenobjekt lesen, für das mehrere Kopien vorhanden sind, so kann sie, um das Lesen robuster zu gestalten, mehrere Teiltransaktionen kreieren und in jeder dieser Teiltransaktionen eine andere Kopie des Datenobjekts lesen. Sobald eine dieser Teiltransaktionen das Commitment durchgeführt hat, werden alle anderen unwichtig und können abgebrochen werden.

Jede Kontrolltransaktion hat als einziges Kind eine entfernte Arbeitstransaktion, deren Ausgang mit Hilfe der Kontrolltransaktion kontrolliert werden kann. Die Arbeitstransaktion kann jederzeit, auch wenn sie das Commitment bereits durchgeführt hat, durch den Abbruch der Kontrolltransaktion zurückgesetzt werden. Die Kontrolltransaktion kann entweder explizit vom Ursprungsagenten der Arbeitstransaktion oder implizit von der TM-Komponente abgebrochen werden. Die TM-Komponente bricht die Kontrolltransaktion automatisch ab, wenn ein Auftrag, der innerhalb der Arbeitstransaktion hätte ausgeführt werden sollen, mit einer UNAVAILABLE- oder ABORTED-Nachricht beantwortet wird. Der Ursprungsagent kann die Kontrolltransaktion explizit durch einen Aufruf der Primitive *AbortControl* abbrechen, wenn er das Interesse an der Ausführung der Arbeitstransaktion verloren hat. *AbortControl* bricht die Kontrolltransaktion der durch Parameter *T* identifizierten Arbeitstransaktion ab.

Dagegen hat der Ursprungsagent einer entfernten Arbeitstransaktion T keinerlei Einfluß auf das Commitment der Kontrolltransaktion von T: die TM-Komponente führt für die

Kontrolltransaktion automatisch das Commitment durch, wenn ein Auftrag, der innerhalb von T ausgeführt wurde, mit einer COMMITTED-Nachricht beantwortet wird.

Da alle Kinder einer Arbeitstransaktion lokale Arbeitstransaktionen oder (lokale) Kontrolltransaktionen sind und somit vom selben Agenten wie ihre Elterntransaktion aufgelöst werden, muß mit dem Commitment einer Arbeitstransaktion niemals auf das Commitment unwichtiger Kinder gewartet werden. Sind alle Kinder einer Arbeitstransaktion aufgelöst, so kann für die Transaktion das Commitment durchgeführt werden. Legt man die in Kap. 4.3.2 beschriebenen Recovery- und Synchronisationsverfahren zugrunde, so verfährt dabei der Ausführungsagent gemäß den Regeln SR4' und RR2': die Transaktion behält ihre BackUp-Zustände und verwahrt nach dem Commitment alle Sperren, die sie davor besessen hat. Es sei nochmals darauf hingewiesen, daß eine Teiltransaktion, die das Commitment durchgeführt hat, noch nicht permanent ist - sie ist erst permanent, wenn sie komplettiert ist.

Nach der Durchführung des Commitments ruft der Ausführungsagent der Transaktion die Primitive *Committed* auf. Ist die durch *T* identifizierte Transaktion eine entfernte Transaktion, d.h. sind Ursprungs- und Ausführungsagent der Transaktion nicht identisch, so übermittelt *Committed* dem Ursprungsagenten der Transaktion eine COMMITTED-Nachricht (s. Abb. 4.9b und 4.9c), die die durch den Parameter *Results* spezifizierten Ergebnisdaten enthält - *Results* kann z.B. die Resultate des letzten WORK- bzw. WORK&COMMIT- Auftrags spezifizieren. Ist dagegen die durch *T* identifizierte Transaktion lokal, so entfällt dieser Nachrichtentransfer natürlich.

Kann für eine Arbeitstransaktion aus irgendwelchen Gründen das Commitment nicht durchgeführt werden, so wird sie abgebrochen. Eine Arbeitstransaktion kann von ihrem Ausführungsagenten jederzeit und unabhängig vom Zustand ihrer Kinder durch einen Aufruf der Primitive *AbortWork* abgebrochen werden. Dabei identifiziert Parameter *T* die abzubrechende Transaktion.

Nach dem Aufruf der Primitive *AbortWork* verfährt der Agent gemäß den in Kapitel 4.3.2 aufgestellten Regeln SR3' und RR3': Die der Transaktion zugeordenten BackUp-Zustände werden benutzt um die Änderungen der Transaktion auszublenden; anschließend werden die BackUp-Zustände weggeworfen und die Sperren der Transaktion freigegeben.

Wird eine Transaktion abgebrochen, so werden auch alle Nachfolger der Transaktion abgebrochen. Die TM-Komponente garantiert, daß jeder Agent, der einen Nachfolger einer abgebrochenen Transaktion ausführt, einen BACKOUT-Auftrag für diesen Nachfolger erhält (s. Abb. 4.9f). Empfängt ein Agent einen BACKOUT-Auftrag für eine Transaktion, so verfährt er ebenfalls nach den Regeln SR3' und RR3'. Die Operationen, die notwendig sind um eine Transaktion zurückzusetzen, werden im nächsten Abschnitt noch genauer beschrieben.

Damit der Ausführungsagent einer Transaktion in der Lage ist, die Nachrichten, die die Terminierung der Transaktion betreffen, zu empfangen, muß er für die Transaktion mindestens einen sogenannten Terminierungsport definieren. Für jede Transaktion können beliebig viele Terminierungsports definiert werden, umgekehrt kann jeder Port Terminierungsport beliebig vieler Transaktionen sein. Die für die Koordination der Terminierung notwendigen Nachrichten PREPARE, COMPLETE und BACKOUT (s. Kap. 4.4.4) werden in den Terminierungsports der Transaktion abgelegt. Die Primitive *DefTermPorts* definiert die durch den Parameter *PortL* bezeichneten Ports zu den Terminierungsports der Transaktion *T*. Ein Port bleibt Terminierungsport einer Transaktion bis die Transaktion entweder terminiert oder die Zuordnung explizit durch einen Aufruf der Primitive *UndefTermPorts* aufgehoben wird.

Das Konzept der Terminierungsports hat im wesentlichen zwei Vorteile. Zum einen kann der Ausführungsagent selbst bestimmen, für welche Transaktionen er PREPARE-, COMPLETE- bzw. BACKOUT-Aufträge empfangen will. Wird z.B. innerhalb eines Agenten eine Transak-

tion T1 und ihr lokaler Nachfolger T2 vom selben Prozeß bearbeitet, so reicht es aus, wenn dieser Prozeß im Falle des
Abbruchs eines Vorgängers von T1 nur für T1 einen BACKOUT-Auftrag
empfängt - muß T1 zurückgesetzt werden, so kann daraus geschlossen werden, daß auch T2 zurückgesetzt werden muß. Zum
anderen kann der Ausführungsagent selbst entscheiden, an welchen
Ports er diese Nachrichten empfangen will. Da diese Entscheidung
sehr von der internen Struktur des Ausführungsagenten abhängt und
diese Struktur außerhalb des Agenten nicht sichtbar sein
soll, kann diese Entscheidung nur vom Ausführungsagenten selbst
getroffen werden.

4.4.4 Auflösung von Wurzeltransaktionen

Vor der Beschreibung der Primitiven zur Unterstützung der Auflösung von Wurzeltransaktionen, müssen noch einige Begriffe
eingeführt werden. Eine Transaktion wird als 'bis zur Wurzel
festgelegt' bezeichnet, wenn sie selbst und alle ihre Vorgänger,
außer der Wurzeltransaktion, das Commitment durchgeführt haben.
Die 'bis zur Wurzel festgelegten' Nachfolger einer Wurzeltransaktion und die Wurzeltransaktion selbst werden als die notwendigen
Nachfolger der Wurzeltransaktion bezeichnet. Im Gegensatz
zur Nachfolger-Relation ist die Relation der notwendigen
Nachfolger reflexiv, d.h. die Wurzeltransaktion ist notwendiger
Nachfolger von sich selbst. Eine Wurzeltransaktion kann nur dann
das Commitment durchführen, wenn alle ihre notwendigen Nachfolger
komplettiert werden können; ist dies nicht möglich, so muß sie
abgebrochen werden.

Abb. 4.10 zeigt einen Transaktionsbaum kurz vor dem Commitment
der Wurzeltransaktion. In diesem Transaktionsbaum erfüllen z.B.
die Transaktionen T3 und T4 nicht das Prädikat 'festgelegt bis
zur Wurzel', da Transaktion T2 abgebrochen ist. Die notwendigen
Nachfolger von T1 sind durch die Transaktionen T1, T5, T8 und T9
gegeben.

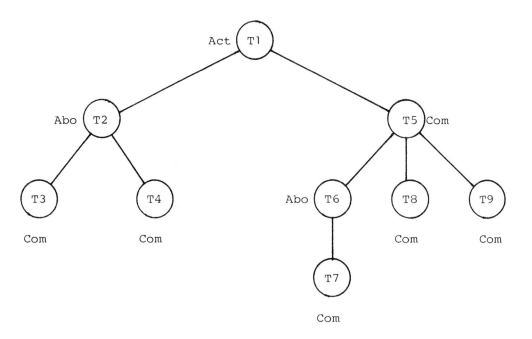

Com ... Transaktion hat Commitment durchgeführt
Abo ... Transaktion ist abgebrochen
Act ... Transaktion ist noch aktiv.

Abb. 4.10. Transaktionsbaum vor dem Commitment der
Wurzeltransaktion

Die Commit-Prozedur für die Wurzeltransaktion wird von dem
Ausführungsagenten der Wurzeltransaktion, dem Wurzelagenten, initiiert. Während der Ausführung dieser Prozedur kommuniziert die
zum Wurzelagenten lokale TM-Komponente mit den Ausführungsagenten
der notwendigen Nachfolger der Wurzeltransaktion gemäß eines 2-
Phasen-Commit Protokolls (s. z.B. /Gray78, Lind79/ und Kap. 5).
Die TM-Komponente ist der Koordinator des Commit-Protokolls,
während die Ausführungsagenten der notwendigen Nachfolger als die
Teilnehmer des Protokolls fungieren. Der Koordinator koordiniert
die Aktivitäten der Teilnehmer und trifft die Entscheidung über
den Ausgang der Wurzeltransaktion - er entscheidet ob für die

Wurzeltransaktion das Commitment durchgeführt werden soll oder nicht.

Um die Beschreibung der vom Kern bereitgestellten Funktionen besser verständlich zu machen, wird zunächst das Prinzip des 2-Phasen-Commit Protokolls verdeutlicht. In der 1. Phase des Protokolls, der Vorbereitungsphase, werden die notwendigen Nachfolger der Wurzeltransaktion von den Teilnehmern auf das Commitment der Wurzeltransaktion vorbereitet. Ist eine Transaktion vorbereitet, so kann sie unabhängig von Störungen entweder zurückgesetzt oder komplettiert werden. Sind alle notwendigen Nachfolger vorbereitet, so trifft der Koordinator für die Wurzeltransaktion die Commit-Entscheidung. Kann wenigstens eine dieser Transaktion nicht vorbereitet werden, so wird die Wurzeltransaktion abgebrochen.

In der Vorbereitungsphase der Commit-Prozedur für die in Abb. 4.10 dargestellte Wurzeltransaktion T1, wird versucht, die notwendigen Nachfolger T1, T5, T8 und T9 für das Commitment der Wurzeltransaktion vorzubereiten. Kann eine dieser Transaktionen nicht vorbereitet werden, so bewirkt dies den Abbruch von T1.

Die in der Vorbereitungsphase von einem Agenten durchgeführten Operationen, werden als Prepare-Operationen bezeichnet. Legt man die in Kapitel 4.3.2 beschriebenen Recovery- und Synchronisationsverfahren zugrunde, so führt ein Agent für eine Transaktion T die folgenden Prepare-Operationen durch:

- Alle Lesesperren, die T besitzt oder verwahrt, werden freigegeben.

- Für jedes Datenobjekt, für das T eine Schreibsperre S besitzt oder verwahrt, werden die folgenden Operationen durchgeführt:

  -- Ist S nicht die älteste der Schreibsperren, die für O existieren, so wird der BackUp-Zustand von T für O weggeworfen und S freigegeben.

-- Ist S die älteste Schreibsperre, die für O existiert, so wird solange gewartet bis außer S alle Sperren für O freigegeben sind. Ist S die einzige auf O gesetzte Sperre, so wird die flüchtige Version von O auf stabilem Speicher gesichert und T zugeordnet. Die gesicherte flüchtige Version eines Datenobjekts, im folgenden als Do-Zustand bezeichnet, enthält alle Änderungen, die von den notwendigen Nachfolgern der Wurzeltransaktion auf dem Datenobjekt ausgeführt wurden. Da sich nach der Sicherung für jedes Datenobjekt sowohl der neue als auch der alte Zustand auf stabilem Speicher befindet, kann die Wurzeltransaktion unabhängig von Knotenstörungen entweder zurückgesetzt oder komplettiert werden.

Die oben beschriebenen Prepare-Operationen sichern für jedes von der Wurzeltransaktion direkt oder indirekt geänderte Datenobjekt genau einen Do-Zustand. Durch die Bedingung, die flüchtige Version eines Datenobjekts erst dann zu sichern, wenn nur noch die älteste Sperre dieses Objekts gesetzt ist, wird garantiert, daß der Do-Zustand nur Änderungen von notwendigen Nachfolgern enthält. Nach der Ausführung der Prepare-Operationen existiert für jedes Datenobjekt genau ein BackUp-Zustand. Dieser BackUp-Zustand reflektiert den Zustand der permanenten Version des Datenobjekts.

In der zweiten Phase des Protokolls, der Beendigungsphase, teilt der Koordinator den Teilnehmern seine Entscheidung mit. Die Teilnehmer beenden die notwendigen Nachfolger gemäß der Entscheidung des Koordinators, d.h. die notwendigen Nachfolger werden entweder alle komplettiert oder alle zurückgesetzt.

Die Operationen, die ein Agent während der Komplettierung einer Transaktion durchführt, werden im folgenden als Do-Operationen bezeichnet. Werden die in Kapitel 4.3.2 eingeführten Recovery- und Synchronisationsverfahren zugrunde gelegt, so führt ein Agent beim Komplettieren einer Transaktion T für jedes Datenobjekt, für das T ein Do-Zustand zugeordnet ist, die folgenden Do-Operationen aus:

- Der Do-Zustand wird die neue permanente Version des Datenobjekts - die alte permanente Version des Datenobjekts wird
  weggeworfen. Diese Ersetzung muß nicht als atomare Operation
  realisiert sein.

- Der Backup-Zustand des Datenobjekts wird weggeworfen und die
  Schreibsperre des Datenobjekts wird freigegeben.

Die Operationen, die ein Agent ausführen muß, um eine Transaktion
zurückzusetzen, werden im folgenden als Undo-Operationen bezeichnet. Legt man die in Kapitel 4.3.2 eingeführten Recovery- und
Synchronisationsverfahren zugrunde, so führt ein Agent beim
Zurücksetzen einer Transaktion T für jedes Datenobjekt O, für
das T eine Schreibsperre besitzt bzw. verwahrt, die folgenden
Undo-Operationen durch:

- Ist für O ein Do-Zustand vorhanden, so wird dieser weggeworfen.

- Ist T ein BackUp-Zustand von O zugeordnet, so wird die permanente Version gemäß der in Kapitel 4.3.2 beschriebenen Regel
  RR3' restauriert. Ist kein BackUp-Zustand vorhanden, so wird
  die flüchtige Version von O mit Hilfe der permanenten Version
  von O restauriert.

- Die Schreibsperre, die T für O besitzt bzw. verwahrt, wird
  freigegeben.

Nachdem das Prinzip des 2-Phasen-Commit-Protokolls verdeutlicht wurde, können jetzt die von der TM-Komponente zur
Unterstützung der Auflösung von Wurzeltransaktionen bereitgestellten Primitiven beschrieben werden. In Abb. 4.11 sind diese
Primitiven zusammengefaßt. Die in Abb. 4.12 dargestellten
Zeit-Raum-Diagramme skizzieren die wichtigsten Interaktionen
während des Commitments der Wurzeltransaktion.

Nachdem alle gewünschten Aktivitäten innerhalb der Wurzeltransaktion ausgeführt und alle Kinder der Wurzeltransaktion aufgelöst

sind, kann der Wurzelagent durch einen Aufruf der Primitive
CommitRoot die Commit-Prozedur für die Wurzeltransaktion ini-
tiieren. Dabei identifiziert Parameter *T* die Wurzeltransaktion
und Parameter *RetPort* den Ergebnis-Port, in dem nach der
Entscheidung des Koordinators entweder eine COMMITTED- oder
ABORTED-Nachricht abgelegt wird. Die Spezifikation des
Ergebnis-Ports ist optional - es macht z.B. wenig Sinn einen
Ergebnis-Port anzugeben, wenn der Wurzelagent an der Beendigungs-
phase der Commit-Prozedur teilnimmt (s.u.). Nach dem Aufruf der
Primitive *CommitRoot* bereitet der Wurzelagent die Wurzel-
transaktion durch die Ausführung der Prepare-Operationen auf das
Commitment vor. Danach verhält er sich wie jeder andere
Teilnehmer, der eine Transaktion vorbereitet hat und er ruft ent-
weder die Primitive *Ready* oder *DropOut* auf (s.u.).

---

1. *CommitRoot (T:TId, RetPort:PortId)*
2. *Ready (TST:TSTId; T:TId)*
3. *DropOut (T:TId)*
4. *Forget (T:TId)*
5. *AbortWork (T:TId)*

Abb. 4.11. Primitiven für die Auflösung von Wurzeltransaktionen

---

Nach der Initiierung der Commit-Prozedur sendet der Koordinator
einen PREPARE-Auftrag zu den Terminierungsports eines jeden notwendigen Nachfolgers außer der Wurzeltransaktion (s. z.B. Abb.
4.12a). In jedem PREPARE-Auftrag ist der TransaktionsId der vor-
zubereitenden Transaktion enthalten. Empfängt ein Teilnehmer
einen PREPARE-Auftrag für eine Transaktion, so bereitet er die
Transaktion durch die Ausführung der Prepare-Operationen auf das
Commitment der Wurzeltransaktion vor.

Nachdem ein Teilnehmer eine Transaktion vorbereitet hat, kann er
den stabilen Zustand der Transaktion durch einen Aufruf der Primitive *Ready* auf 'READY' setzen (s. z.B. Abb. 4.12a). *Ready*

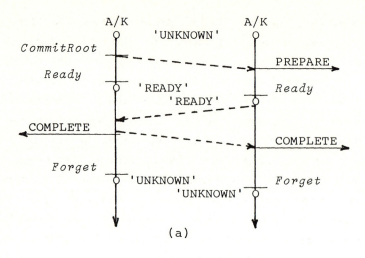

(a)

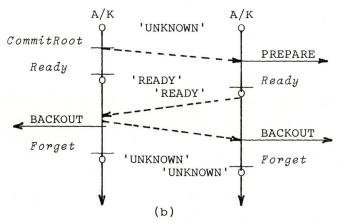

(b)

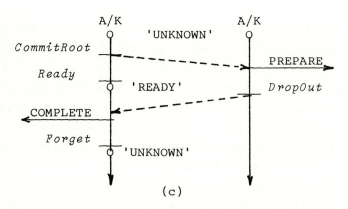

(c)

A/K ... Schnittstelle zwischen Agent und Kern

Abb. 4.12 Interaktionen während des Commitments einer
Wurzeltransaktion

ändert in der durch Parameter *TST* bezeichneten TZ-Tabelle den stabilen Zustand der durch Parameter *T* identifizierten Transaktion in einem atomaren Schritt von 'UNKNOWN' auf 'READY'. Befindet sich eine Transaktion im 'READY'-Zustand, so bedeutet dies zweierlei:

(1) Die Transaktion wird weder zurückgesetzt noch komplettiert bevor der Koordinator seine Entscheidung mitgeteilt hat, d.h. die Kontrolle über die Transaktion befindet sich vollständig beim Koordinator.

(2) Die Transaktion kann unabhängig von Störungen entweder zurückgesetzt oder komplettiert werden.

Da es bei Lesetransaktionen keinen Unterschied macht, ob sie in der zweiten Phase des Commit-Protokolls komplettiert oder zurückgesetzt werden, müssen diese Transaktionen nicht durch den 'READY'-Zustand gehen. Geht eine Transaktion nicht durch den 'READY'-Zustand, so muß ihr Ausführungsagent (bezüglich dieser Transaktion) an der Beendigungsphase des Commit-Protokolls nicht teilnehmen. Um diesem Umstand gerecht zu werden, bietet die TM-Komponente die Primitive *DropOut* an. Ein Teilnehmer kann durch einen Aufruf von *DropOut* (anstelle von *Ready*) dem Koordinator mitteilen, daß er bezüglich Transaktion *T* aus der Commit-Prozedur aussteigt (s. Abb. 4.12c). Durch die Bereitstellung von *DropOut* können Nachrichtentransfers und Zugriffe auf stabilen Speicher eingespart werden, wodurch die Effizienz eines Systems wesentlich erhöht werden kann, insbesondere dann, wenn das System einen hohen Anteil an Lesetransaktionen ausführt.

Um zu erfahren, wann alle notwendigen Nachfolger der Wurzeltransaktion vorbereitet sind, kommuniziert der Koordinator mit den TM-Komponenten der Ausführungsknoten der notwendigen Nachfolger. Sobald der Koordinator weiß, daß alle notwendigen Nachfolger entweder 'READY' oder 'Aussteiger' sind, trifft er eine Commit-Entscheidung für die Wurzeltransaktion und sendet einen COMPLETE-Auftrag zu den Terminierungsports der sich im 'READY'-Zustand befindenden notwendigen Nachfolger (s. Abb. 4.12a und

4.12c). Kann dagegen wenigstens ein notwendiger Nachfolger nicht vorbereitet werden (weil z.B. sein Ausführungsknoten in der Zwischenzeit zusammengebrochen ist), so entscheidet sich der Koordinator für den Abbruch der Wurzeltransaktion und sendet anstelle eines COMPLETE-Auftrags einen BACKOUT-Auftrag zu den Terminierungsports der notwendigen Nachfolger im 'READY'-Zustand (s. Abb. 4.12b). Der Koordinator garantiert in Zusammenarbeit mit anderen TM-Komponenten, daß unabhängig von Koordinator- und Teilnehmerzusammenbrüchen in allen Terminierungsports der sich im 'READY'-Zustand befindenden notwendigen Nachfolger ein Auftrag abgelegt wird, und zwar entweder in allen ein COMPLETE-Auftrag oder in allen ein BACKOUT-Auftrag. Hat der Wurzelagent beim Aufruf der Primitive *CommitRoot* einen Ergebnisport spezifiziert, so wird darin abhängig von der Entscheidung des Koordinators entweder eine COMMITTED- oder ABORTED-Botschaft abgelegt (in Abb. 4.12 wurde angenommen, daß kein Ergebnis-Port spezifiziert wurde).

In jedem COMPLETE- bzw. BACKOUT-Auftrag ist der TransaktionsId der zu komplettierenden bzw. zurückzusetzenden Transaktion enthalten. Empfängt ein Teilnehmer einen COMPLETE-Auftrag für eine Transaktion, dann führt er für diese Transaktion die Do-Operationen durch. Nach der Komplettierung der Transaktion, ruft er die Primitive *Forget* auf, die den stabilen Zustand der Transaktion in einem atomaren Schritt von 'READY' nach 'UNKNOWN' ändert. Empfängt ein Teilnehmer einen BACKOUT-Auftrag anstelle eines COMPLETE-Auftrags, so führt er für die Transaktion die Undo-Operationen durch bevor er *Forget* aufruft.

Wie eine Teiltransaktion kann auch eine Wurzeltransaktion unabhängig vom Zustand ihrer Kinder abgebrochen werden. Hat der Wurzelagent aus irgendeinem Grund das Interesse an der Ausführung der Wurzeltransaktion verloren, so kann er sie durch einen Aufruf der Primitive *AbortWork* abbrechen. Nach dem Aufruf der Primitive *CommitRoot* ist jedoch ein expliziter Abbruch der Wurzeltransaktion nicht mehr möglich. Wird die Wurzeltransaktion abgebrochen, so garantiert die TM-Komponente, daß für jeden

(nicht abgebrochenen) Nachfolger der Wurzeltransaktion ein
BACKOUT-Auftrag in dessen Terminierungsports abgelegt wird.

4.4.5 Recovery von Knotenzusammenbrüchen

Nach einem Knotenzusammenbruch führt sowohl die TM-Komponente als
auch das VTOAS Recovery durch. Das vom VTOAS durchgeführte Recovery bringt die lokal gespeicherten Datenobjekte wieder in einen
konsistenten Zustand, während das Recovery der TM-Komponente
garantiert, daß die Initiierung, Migration und Terminierung von
Transaktionen trotz Knotenzusammenbrüchen korrekt koordiniert
wird.

Ob eine Transaktion einen Zusammenbruch ihres Ausführungsknotens
überlebt, hängt von ihrem stabilen Zustand zum Zeitpunkt des
Zusammenbruchs ab. Während eine 'READY'-Transaktion einen System-
zusammenbruch (laut Definition) überlebt, wird eine Transaktion,
die sich im 'UNKNOWN'-Zustand befindet und noch nicht komplettiert ist, durch einen Zusammenbruch ihres Ausführungsknotens
abgebrochen.

Das von der TM-Komponente durchgeführte Recovery ist vom Inhalt
der lokalen TZ-Tabellen abhängig. Wird eine 'UNKNOWN'-Transaktion
durch einen Knotenzusammenbruch abgebrochen, so garantiert das
Recovery der TM-Komponente, daß für jeden (nicht abgebrochenen)
Nachfolger dieser Transaktion ein BACKOUT-Auftrag empfangen
wird. Befindet sich eine Transaktion nach dem Neustart ihres
Ausführungsknotens im 'READY'-Zustand, so legt die TM-Komponente
abhängig von der Entscheidung des Koordinators entweder einen
COMPLETE- oder ein BACKOUT-Auftrag im (neu definierten) Terminierungsport der Transaktion ab. Das Recovery der TM-Komponente
garantiert, daß die 'READY'-Nachfolger einer Wurzeltransaktion
entweder alle einen COMPLETE-Auftrag oder alle einen BACKOUT-
Auftrag bekommen.

Das Recovery des VTOAS hängt ebenfalls vom Inhalt der lokalen TZ-

Tabellen ab. Um dem VTOAS das Lesen der lokalen TZ-Tabellen zu ermöglichen, bietet die TM-Komponente die beiden Primitiven *RecallReady* und *GetStableState* an (s. Abb. 4.13). *RecallReady* übergibt die Identifikatoren der in der durch Parameter *TST* identifizierten lokalen TZ-Tabelle enthaltenen 'READY'-Transaktionen in Parameter *TL*, während *GetStableState* den stabilen Zustand der durch Parameter *T* identifzierten Transaktion in Parameter *State* zurückmeldet.

---

1. *RecallReady (TST:TSTId)* <u>*returns*</u> *(TL:ListOfTId)*
2. *GetStableState (TId)* <u>*returns*</u> *(State:(UNKNOWN, READY))*

Abb. 4.13. Primitiven zum Lesen von Transaktionszustandstabellen

---

Legt man das in Kap. 4.3.2 beschriebene Recovery-Verfahren zugrunde, so muß die Anwendung nach einem Knotenzusammenbruch für 'UNKNOWN'-Transaktionen keine Undo-Operationen durchführen – solange sich eine Transaktion im Zustand 'UNKNOWN' befindet, sind die permanenten Versionen der von der Transaktion benutzten Datenobjekte in einem konsistenten Zustand. Befindet sich dagegen eine Transaktion im 'READY'-Zustand, so können die permanenten Versionen der von der Transaktion geänderten Datenobjekte inkonsistent sein – dies liegt daran, daß die Installation einer neuen permanenten Version keine atomare Operation sein muß. Befindet sich eine Transaktion im 'READY'-Zustand, so definiert die Anwendung einen Terminierungsport für die Transaktion und wartet auf die Entscheidung des Koordinators. Nach dem Empfang eines COMPLETE- bzw. BACKOUT-Auftrags, führt die Anwendung die Do- bzw. Undo-Operationen für die Transaktion durch.

Die Zustände 'UNKNOWN' und 'READY' sind als 'Minimalsatz' von stabilen Zuständen aufzufassen: einerseits sind diese Zustände in irgendeiner Form in jedem Recovery-Konzept vorhanden, andererseits gibt es jedoch Recovery-Konzepte, für die zusätzliche stabile Zustände erforderlich sind. Benötigt eine Anwendung weitere stabile Zustände, so muß sie diese selbst realisieren. Wird z.B. anstatt des in Kap. 3.4.2 beschriebenen Recovery-Verfahrens ein 'Logging'-Verfahren benutzt, so ist mindestens ein weiterer stabiler Zustand notwendig. In einem solchen Verfahren können die Änderungen einer Transaktion in die permanenten Versionen der Datenobjekte übernommen, bevor die Transaktion den 'READY'-Zustand erreicht hat. Das heißt aber, daß das VTOAS für jede abgebrochene 'UNKNOWN'-Transaktion Undo-Operationen durchführen muß, was voraussetzt, daß das VTOAS in der Lage sein muß, sich an solche für die TM-Komponente unbekannte ('UNKNOWN') Transaktionen zu erinnern. Dies kann z.B. dadurch gewährleistet werden, daß für jede Transaktion ein 'Begin of Transaction'-Satz in den Log geschrieben wird, was im Prinzip einem weiteren stabilen Transaktionszustand entspricht.

4.4.6 Query- und Propagierungsfunktionen

1. *QueryICT (T,A:TId, RetPort:PortId)*
2. *TellWhenICT (T,A:TId, RetPort:PortId)*
3. *Propagate (T:TId)*
4. *DefPropaPorts (T:TId, PortL:ListOfPortId)*
5. *UndefPropaPorts (T:TId, PortL:ListOfPortId)*
6. *GetParent (T:TId) returns (Parent:TId)*
7. *GetRoot (T:TId) returns (Root:TId)*
8. *GetExecNode (T:TId) returns (Node:NodeId)*
9. *GetLCA (T1,T2:TId) returns (LCA:TId)*
10. *Is-Relative (T1,T2:TId) returns (boolean)*
11. *Is-Ancestor (T1,T2:TId) returns (boolean)*

Abb. 4.14. Primitiven zur Unterstützung von Queries und
             der Propagierung

Wie bereits erwähnt machen die in Kap. 4.3.2 beschriebenen Recovery- und Synchronisationsverfahren sogenannte Sperr-Queries notwendig: Möchte eine Transaktion ein Datenobjekt sperren, für das keine andere Transaktion eine Sperre besitzt und eine andere Transaktion eine Sperre verwahrt, so muß mittels einer Sperr-Query überprüft werden, ob die Bedingung B2 der Regel SR1' bzw. SR2' (s. Kap. 4.3.2) erfüllt ist. Zu diesem Zweck stellt die TM-Komponente die Primitiven *QueryICT* und *TellWhenICT* zur Verfügung. Diese beiden Primitiven sind zusammen mit den anderen in diesem Kapitel eingeführten Primitiven in Abb. 4.14 dargestellt. *QueryICT* überprüft, ob die durch Parameter *T* bezeichnete Transaktion bis zu der durch Parameter *A* identifizierten Vorgängertransaktion festgelegt ist. Abhängig vom Ergebnis dieser Überprüfung wird eine der folgenden Antworten in dem durch Parameter *RetPort* identifizierten Port abgelegt:

- <u>IS-COM-TO</u>: *T* ist bis *A* festgelegt, d.h. *T* und alle Nachfolger von *A*, die Vorgänger von *T* sind, haben das Commitment durchgeführt.

- <u>ISN'T-COM-TO</u>: *T* ist noch nicht bis *A* festgelegt, und es ist nicht bekannt, daß eine Transaktion auf dem Pfad zwischen *A* und *T* abgebrochen ist.

- <u>BACKINGOUT</u>: Irgendein Vorgänger von *T* ist abgebrochen, d.h. in den Terminierungsports von *T* wurde bereits ein BACKOUT-Auftrag abgelegt.

Die Primitive *TellWhenICT* ist eine Variante der Primitive *QueryICT*. Ist *T* noch nicht bis *A* festgelegt, so liefert *TellWhenICT* nicht wie *QueryICT* eine ISN'T-COM-TO-Nachricht zurück, sondern wartet, bis entweder ein Vorgänger von *T* abbricht oder *T* bis *A* festgelegt ist. Das heißt, die Antwort auf einen *TellWhenICT*-Aufruf ist entweder eine IS-COM-TO- oder eine BACKINGOUT-Nachricht.

Die Benutzung der oben beschriebenen Primitiven soll an folgendem Beispiel verdeutlicht werden. Transaktion T will ein Datenobjekt O im Schreibmodus sperren, für das keine andere Transaktion eine

Sperre besitzt aber mindestens eine verwandte Transaktion von T eine Sperre verwahrt. Ist V der Verwahrer der jüngsten Sperre von O, so muß gemäß der Sperregel SR1' überprüft werden, ob V bis zum KGV von T und V festgelegt ist. Dies kann durch einen Aufruf der Primitive *QueryICT* erfolgen. Wird nach einem Aufruf dieser Primitive eine IS-COM-TO-Anwort empfangen, so kann T die Sperre setzen. Wird eine BACKINGOUT-Antwort empfangen, so muß zwischen zwei Fällen unterschieden werden: Sind noch weitere Verwahrer einer Sperre von O vorhanden, so muß die Sperr-Query für den Verwahrer der nächstjüngeren Sperre wiederholt werden; ist dies nicht der Fall, so kann T das Objekt O sperren, sobald V die Sperren freigegeben hat. Wird eine ISN'T-COM-TO-Antwort empfangen und will T warten bis die Sperre gesetzt werden kann, so muß die Sperr-Query zu einem späteren Zeitpunkt wiederholt werden. Wird anstatt von *QueryICT* die Primitive *TellWhenICT* benutzt, so ist ein solches Wiederholen von Sperr-Queries nicht notwendig.

Für die Unterstützung von Recovery- und Synchronisationsverfahren, die auf dem Konzept der Propagierung beruhen (s. z.B. LOCUS /Muel83/ und CLOUDS /Allc84/), stellt die TM-Komponente die Primitiven *DefPropaPorts*, *UndefPropaPorts* und *Propagate* zur Verfügung. Nach dem Commitment einer Teiltransaktion können die Ausführungsagenten der Nachfolger dieser Transaktion durch einen Aufruf der Primitive *Propagate* vom Commitment dieser Transaktion informiert werden. *Propagate* sendet eine COMMITTED-Nachricht zu den sogenannten Propagierungsports der Nachfolger von Transaktion T. *DefPropaPorts* definiert die durch Parameter *PortL* identifizierten Ports zu den Propagierungsports von Transaktion *T*. *UndefPropaPorts* ist die zu *DefPropaPorts* inverse Primitive.

In manchen Fällen benötigt das VTOAS Informationen über die zwischen den Transaktionen bestehenden Verwandtschaftsbeziehungen. Möchte z.B. eine Transaktion ein Datenobjekt sperren, für das eine andere Transaktion eine Sperre verwahrt, so muß geklärt werden, ob beide Transaktionen miteinander verwandt sind; im Falle einer Verwandtschaft muß dann der KGV der beiden Transaktionen ermittelt werden. Die dazu notwendigen Informationen können aus den Identifikatoren der Transaktionen gewonnen werden. Der Identifikator einer Transaktion enthält den Identifikator des Ausführungsknotens der Transaktion und dazu noch die Identifikatoren aller Vorgänger der Transaktion. Die TransaktionsId sind so strukturiert, daß man für zwei gegebene Identifikatoren sagen kann, welche der beiden identifizierten Transaktionen die Vorgängertransaktion der anderen ist. Der Benutzer der TM-Primitiven benötigt keine Kenntnisse über die Struktur der TransaktionsId. Dies hat den Vorteil, daß die Struktur geändert werden kann, ohne daß dies irgendwelche Auswirkungen auf die Anwendung hat. Zu einer Strukturänderung kann es z.B. kommen, wenn - bedingt durch eine Modifikation der Netzwerktopologie - die Struktur der in den TransaktionsId enthaltenen Knotenidentifikatoren geändert werden muß. Die TM-Komponente bietet eine Menge von Primitiven an, mit deren Hilfe man die in den TransaktionsId enthaltenen Informationen extrahieren und auswerten kann, ohne dabei die Struktur der Transaktionsidentifikatoren kennen zu müssen. Diese Primitiven werden im folgenden beschrieben.

GetParent übergibt in Parameter *Parent* den Identifikator der Elterntransaktionen von Transaktion *T*. Dabei ignoriert die Primitive Kontrolltransaktionen, d.h. ist die Elterntransaktion von *T* eine Kontrolltransaktion, so liefert die Primitive den Identifikator der Elterntransaktion der Kontrolltransaktion zurück. Die Primitive *GetRoot* liefert den Identifikator der Wurzeltransaktion von *T*, während *GetExecutionNode* den Identifkator des Ausführungsknotens von *T* zurückmeldet. Mit *GetLCA* kann der KGV der durch *T1* und *T2* identifizierten Transaktionen ermittelt werden. Mit den beiden boolschen Funktionen *Is-Relative* und *Is-Ancestor* kann die Verwandschaftsbeziehung von Transaktionen ermittelt werden: *Is-Relative* bzw. *Is-Ancestor* liefert den Wert 'true' zurück, wenn *T1* mit *T2* verwandt bzw. *T1* ein Vorgänger von *T2* ist.

4.4.7 Empfangen von Nachrichten

Für das Empfangen von Nachrichten benutzen die Agenten die in
Kap. 3.3.4 beschriebenen Primitiven *Listen*, *RemoveMessage* und
Listen&Remove. *RemoveMessage* bzw. *Listen&Remove* übergeben
in Parameter *Ty* den Typ der empfangene Nachricht. Der in jeder
Nachricht enthaltene TransaktionsId wird in Parameter *T* übergeben. Enthält die Nachricht ein Datenfeld, so wird dieses in den
durch Parameter *M* identifizierten Bereich kopiert.

4.5 BEISPIEL

Um die Benutzung der in Kap. 4.4 eingeführten Primitiven zu ver-
deutlichen, wird in diesem Kapitel die Implementierung eines sehr
einfachen Buchungssystems beschrieben. Zum Zwecke einer möglichst
klaren und einfachen Darstellung, wird kein Wert auf eine effiziente und sichere Implementierung gelegt; zudem werden an vielen
Stellen der Beschreibung Details weggelassen.

Mit Hilfe des hier beschriebenen Systems können Banküberweisungen
durchgeführt werden. Die Schnittstelle des Systems ist sehr einfach: Ein Benutzer gibt an einem Terminal den Überweisungsbetrag,
das Zielkonto und eine nicht-leere Menge von Quellkonten ein. Das
System überweist den Betrag in einem atomaren Schritt von genau
einem Quellkonto auf das angegebene Zielkonto. Für die Buchung
wird nur ein Quellkonto herangezogen, dessen Kontostand größer
als bzw. gleich dem Überweisungsbetrag ist. Erfüllen mehrere
Quellkonten diese Bedingung, so wählt das System irgendeines
dieser Konten aus. Erfüllt keines der spezifizierten Quellkonten
diese Bedingung, so wird die Überweisung nicht durchgeführt. Das
System weist jeder einzelnen Überweisung eine Überweisungsnummer
zu. Wird eine Überweisung ausgeführt, so garantiert das System,
daß die Überweisungsnummer trotz eventueller Systemzusammenbrüche
auf dem Terminal ausgegeben wird. Der Einfachheit halber wird im
folgenden angenommen, daß der Benutzer stets genau zwei Quellkonten angibt.

Abb. 4.15 zeigt die Architektur des Systems. Das System ist verteilt und besteht aus n Knoten. Auf jedem Knoten existiert ein
Transfer-Server (TS), ein Update-Server (US) und eine Menge von
Client-Prozessen. Der US eines Knotens führt Änderungen auf den
lokal gespeicherten Konten aus. Er verarbeitet Aufträge der Form
'Addiere Betrag X auf Konto Y'. Der TS eines Knotens kommuniziert
sowohl mit dem lokalen US als auch mit den US der anderen Knoten.
Er bearbeitet Aufträge der Form 'Überweise Betrag X von Konto A
oder B auf Konto C'. Für die Bearbeitung eines Überweisungs-
auftrags fordert er die zuständigen US auf, die entsprechenden
Konten zu modifizieren. Kommt eine Überweisung zustande, so macht
der TS einen Eintrag in eine Log-Datei, in der alle durchge-

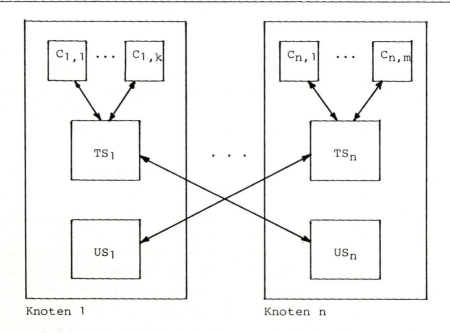

TS$_i$ ... Transfer Server des Knoten i

US$_i$ ... Update Server des Knoten i

c$_{i,j}$ ... Client j des Knoten i

Abb. 4.15. Architektur des Buchungssystems

führten Überweisungen verzeichnet sind. Dieser Eintrag enthält neben der Überweisungsnummer den Überweisungsbetrag, das Quellkonto und das Zielkonto. Für jeden Benutzer existiert ein Client-Prozeß, dessen Aufgabe es ist, die für eine Überweisung benötigten Daten vom Terminal einzulesen, einen entsprechenden Auftrag an den lokalen TS zu schicken und den Benutzer von dem Erfolg bzw. Mißerfolg des Übweisungsauftrags zu informieren.

Der Client garantiert, daß im Falle der Durchführung der Überweisung die Überweisungsnummer auf dem Terminal ausgegeben wird.

Im folgenden werden die zur Implementierung des Beispielsystems notwendigen Programme skizziert, wozu eine Pascal-ähnliche Notation verwendet wird. Zur besseren Unterscheidung werden die von der Anwendung realisierten Prozeduren durch einen '%'-Präfix gekennzeichnet.

Abb. 4.16 zeigt das Client-Programm. Ein Client kreiert eine Wurzeltransaktion und ein entferntes Kind der Wurzeltransaktion. Das Kind migriert in einem WORK&COMMIT-Auftrag zum lokalen TS. Der Auftrag enthält den Überweisungsbetrag (Req.Amount), die Kontonummer der beiden Quellkonten (Req.From1, Req.From2) und die Kontonummer des Zielkontos (Req.To). Wird der Auftrag mit einer COMMITTED-Nachricht beantwortet, so wird die in der Antwort enthaltene Überweisungsnummer (TransfNo) vor dem Aufruf der Primitive *CommitRoot* durch einen Aufruf der Prozedur %SaveTransfNo auf stabilem Speicher gesichert. Diese Sicherung ist notwendig, da der Client im Falle des Commitments der Wurzeltransaktion trotz Knotenzusammenbrüchen in der Lage sein muß, die Überweisungsnummer auf dem Terminal auszugeben. Mit einem Aufruf der Prozedur %UnsaveTransfNo kann die Sicherung rückgängig gemacht werden.

Das Programm des TS wird in Abb. 4.17 skizziert. Der TS ist als Typ3-Cluster organisiert, d.h. für jede von dem TS bearbeitete Transaktion existiert ein eigener Prozeß (s. Kap. 3.2.1). Ein vom

Abb. 4.16. Programm für den Client

```
program Client;

begin

    read (Req.From1, Req.From2, Req.To, Req.Amount);
    CreateRoot () returns (T)
    CreateRemoteSub (T) returns (T1);
    Work&Commit (T1,TSPort,P,Req);

    repeat

        Listen&Remove ((P)) returns (-,-,MType,Data,-)

        case MType of

            COMMITTED:
                begin CommitRoot (T,-);
                (*prepare operations for root transaction*)
                TransfNo:=Data; %SaveTransfNo (T,TransfNo);
                DefTermPort (T,(P)); Ready (Client-TST,T) end;

            ABORTED:
                begin write ('Transfer abgebrochen');
                AbortWork (T); Terminated:=true end;

            UNAVAILABLE:
                begin write ('Transfer Server nicht verfügbar');
                AbortWork (T); Terminated:=true end;

            COMPLETE:
                begin: write ('Transfer ok:', TransfNo);
                Forget (T); %UnsaveTransfNo (T);
                Terminated:=true end;

            BACKOUT:
                begin write ('Transaktion abgebrochen');
                %UnsaveTransfNo (T); Terminated:=true end

        end

    until Terminated;

end.
```

Abb. 4.17. Programm für den Transfer Server

program TransferServer;

    procedure %PerformCommit;
    (*performs the commitment for transaction T*)
    begin
      if CommittedT2
      then %InsRec (Req.From1,Req.To,Req.Amount) **returns** (TransfNo)
      else %InsRec (Req.From2,Req.To,Req.Amount) **returns** (TransfNo);
      Committed (T,TransfNo);
    end;

begin (*main*)

    CommittedT2:=**false**; CommittedT3:=**false**;
    AbortedT2orT3:=**false**; Terminated:=**false**;
    GetAdrInitialPort () **returns** (P);
    Create-Port () **returns** (P1);
    (*P1 will become return & termination port*)

    (*receive WORK&COMMIT request from P*)
    RemoveMessage ((P)) **returns** (-,T,-,Req,-);
    DefTermPort (T,(P1));

    (*transacion for updating the To account*)
    CreateRemoteSub (T) **returns** (T1);
    Req1.Account:=Req.To; Req1.Amount:=Req.Amount;
    Work&Commit (T1,%Port(Req1.Account),P1,Req1);

    (*transaction for updating From1 account*)
    CreateRemoteSub (T) **returns** (T2);
    Req1.Account=Req.From1; Req1.Amount:=-Req.Amount;
    Work&Commit (T2,%Port(Req1.Account),P1,Req1);

    (*transaction for updating the From2 account*)
    CreateRemoteSub (T) **returns** (T3);
    Req1.Account:=Req.From2; Req1.Amount:=-Req.Amount;
    Work&Commit (T3,%Port(Req.Account),P1,Req1);

Fortsetzung Abb. 4.17.

```
repeat

  Listen&Remove ((P1)) returns (-,Trans,MType,Req,-);

  case MType of

      COMMITTED:
        case Trans of
          T1:
                if CommittedT2 or CommittedT3 then %PerformCommit
                  else CommittedT1:=true;
          T2:
            begin AbortControl (T3);
              if CommittedT1 then %PerformCommit
                else CommittedT2:=true end;
          T3:
            begin AbortControl (T2);
                if CommittedT1 then %PerformCommit
                  else Committed3:=true end
        end;

      ABORTED, UNAVAILABLE:
        case Trans of
          T1:
            begin AbortWork (T); Terminated:=true end;
          T2,T3:
            if AbortedT2orT3 then
            begin AbortWork (T); Terminated:=true
            end else AbortedT2orT3:=true;

      PREPARE:
          begin %TS-Prepare (T); Ready (TS-TST,T) end;

      COMPLETE:
          begin %TS-Do (T); Forget (T); Terminated:=true end;

      BACKOUT:
          begin %TS-Undo (T); Forget (T); Terminated:=true end;

    end

  until Terminated;

end.
```

TS empfangener WORK&COMMIT-Auftrag wird in der im Auftrag spezifizierten Transaktion, im folgenden als Transfertransaktion bezeichnet, ausgeführt. Für die Bearbeitung des Auftrags kreiert der TS die Teiltransaktionen T1, T2 und T3, die Kinder der Transfertransaktion sind. Jede der Teiltransaktionen migriert in einem WORK&COMMIT-Auftrag zum betreffenden US, wobei der Port des betreffenden US mit Hilfe der Funktion %Port ermittelt wird. T1 führt die Änderung des Zielkontos durch, während T2 und T3 jeweils ein Quellkonto modifizieren (Bemerkung: T2 und T3 werden parallel ausgeführt um möglichst kurze Antwortzeiten zu erhalten; natürlich wird nur eine dieser beiden Transaktionen komplettiert). Die Transfertransaktion kann das Commitment durchführen, wenn für T1 und für T2 oder T3 eine COMMITTED-Antwort empfangen wird. Vor dem Aufruf der Primitive *Committed* ruft der TS die Prozedur %InsLog auf, die eine Überweisungsnummer (TransfNo) generiert und einen Eintrag in dem Log vornimmt. Dieser Eintrag ist noch nicht permanent - er wird erst permanent, wenn die Transfertransaktion komplettiert ist. Die Überweisungsnummer wird in der COMMITTED-Antwort an den betreffenden Client weitergemeldet.

Empfängt der TS einen PREPARE-Auftrag, so ruft er die Prozedur %TS-Prepare auf, die die Transfertransaktion so vorbereitet, daß unabhängig von Knotenzusammenbrüchen der Log-Eintrag permanent bzw. rückgängig gemacht werden kann. Nach der Beendigung der Prepare-Operationen ruft der TS die Primitive *Ready* auf. Empfängt der TS in der Beendigungsphase einen COMPLETE-Auftrag, so wird der Log-Eintrag durch einen Aufruf der Prozedur %TS-Do permanent gemacht. Empfängt er stattdessen einen BACKOUT-Auftrag, so wird der Eintrag durch einen Auftrag der Prozedur %TS-Undo rückgängig gemacht.

Abb. 4.18 skizziert das Programm des US. Der US ist als Typ1-Cluster bestehend aus einem Prozeß organisiert, d.h. alle an den US gerichteten Update-Aufträge werden von demselben Prozeß ausgeführt. Empfängt der US einen WORK&COMMIT-Auftrag, so initiiert er die Durchführung der in dem Auftrag spezifizierten

Abb. 4.18. Programm für den Update Server

```
program UpdateServer (P);

begin

    while true do
    begin Listen&Remove ((P)) returns (-,T,MType,Req,-);
      case MType of

        WORK&COMMIT:
        begin %Update (T,Req) returns (Possible);
          if Possible then begin DefTermPort (T,(P));
              Committed (T,-) end else AbortWork (T) end;

        PREPARE:
        begin %US-Prepare (T); Ready (US-TST,T) end;

        COMPLETE:
        begin %US-Do (T); Forget (T) end;

        BACKOUT:
        begin %US-Undo (T); Forget (T) end

      end
    end
end.
```

Abb. 4.19. Programm für das Client-Recovery

```
program ClientRecovery;

begin RecallReady (Client-TST) returns (ListOfTrans);
  for all T in ListofTrans do  DefTermPort (T,(P));

  repeat
    Listen&Remove ((P)) returns (-,T,MType,-,-)
    case MType of

      COMPLETE:
        begin %GetTransfNo (T) returns (TransfNo);
          write ('Transfer ok:', TransfNo); Forget (T);
          %UnsaveTransfNo (T) end

      BACKOUT:
        begin write ('Transaktion abgebrochen');
            %UnsaveTransfNo (T) end;

    end
  until all T in ListofTrans are terminated

end.
```

Kontoänderung durch einen Aufruf der Prozedur %Update. Diese Prozedur führt die Änderung nur dann durch, wenn sich dadurch kein negativer Kontostand ergibt. Kann die gewünschte Änderung erfolgen, (Possible=true), dann wird für die im Auftrag spezifizierte Transaktion das Commitment durchgeführt (Bemerkung: die Änderung ist zu diesem Zeitpunkt noch nicht permanent). Kann die Änderung nicht erfolgen (Possible=false), so wird die Transaktion abgebrochen. Empfängt der US einen PREPARE-Auftrag, so bereitet er die Transaktion durch einen Aufruf der Prozedur %US-Prepare so vor, daß die Kontoänderung unabhängig von Knotenzusammenbrüchen entweder permanent oder rückgängig gemacht werden kann. Anschließend ruft er die Primitive *Ready* auf. In der Beendigungsphase macht der US die Kontoänderung entweder durch einen Aufruf der Prozedur %US-Do permanent oder durch einen Aufruf der Prozedur %US-Undo rückgängig.

Da die Atomizität von Transaktionen trotz Knotenstörungen erhalten bleiben muß, ist nach einem Knotenzusammenbruch Recovery notwendig. Auf jedem Knoten existiert jeweils eine TZ-Tabelle für die lokalen Clients (Client-TST), für den US (US-TST) und für den TS (TS-TST). Dadurch wird gewährleistet, daß die Recovery-Mechanismen der einzelnen Module auf die relevanten Transaktionszustände selektiv zugreifen können. Abb. 4.19 zeigt das Programm für das Client-Recovery. Das Client-Recovery generiert für jede 'READY'-Transaktion einen Terminierungsport (P) und erwartet anschließend an diesem Port für jede dieser Transaktionen die Entscheidung des Koordinators. Wird für eine Transaktion ein COMPLETE-Auftrag empfangen, so wird die betreffende Transfernummer durch einen Aufruf von %GetTransfNo vom stabilem Speicher gelesen und zusammen mit einer Meldung 'Transfer ok' auf dem Terminal ausgegeben. Anschließend kann die Sicherung der Transfernummer rückgängig gemacht werden. Wird anstelle eines COMPLETE-Auftrags ein BACKOUT-Auftrag empfangen, so wird eine Meldung 'Transfer abgebrochen' auf dem Terminal ausgegeben und die Sicherung der betreffenden Transfernummer rückgängig gemacht. Da das Recovery im TS und US sehr ähnlich abläuft, wird hier nicht näher darauf eingegangen.

4.6 VERGLEICH UND DISKUSSION

Mit der TM-Komponente wurde das Ziel verfolgt die Implementierung von VTOAS durch die Bereitstelltung von transaktionsorientierten 'High-Level'-Kommunikationsprimitiven einfacher, effizienter und sicherer zu machen. Diese Primitiven sollten allgemein und flexibel genug sein, um ein breites Spektrum transaktionsorientierter Anwendungen effizient unterstützen zu können. Dieses Ziel konnte durch ein allgemeines Transaktionsmodell und durch die Restriktion, nur Koordinierungs- und Buchhaltungsfunktionen im Kern zu realisieren, erreicht werden.

Die TM-Komponente des Kerns ist (nach Wissens des Autors) der einzige Ansatz mit der Zielsetzung, 'High-Level'-Kommunikationsprimitiven für (ein breites Spekturm von) VTOS bereitzustellen. Aus diesem Grund ist ein direkter Vergleich mit Systemen gleicher oder ähnlicher Zielsetzung nicht möglich. Stattdessen werden hier zwei Alternativen diskutiert, die ebenfalls zur Unterstützung der Kommunikation in VTOS herangezogen werden könnten, nämlich allgemeine Kommunikationssysteme und verteilte transaktionsorientierte Betriebssysteme.

Allgemeine Kommunikationssysteme (Abk. KS), wie z.B. SNA /Cyps78/, DECNET /Weck80/ oder ARPANET /McQu77/, bieten verbindungslose und/oder verbindungsorientierte Dienste an. Sie unterstützen nicht das Transaktionskonzept, d.h. alle für die Initiierung, Migration und Terminierung von Transaktionen notwendigen Buchhaltungs- und Koordinationsfunktionen müssen innerhalb der Anwendung realisiert werden. Daß die von einem KS angebotenen Kommunikationsdienste für transaktionsorientierte Anwendungen nicht ausreichend sind, sieht man am besten daran, daß in vielen VTOS Erweiterungen des Kommunikationssystems realisiert wurden. So wurde z.B. in R* ein COMMUNICATION MANAGER /Lind83/ als Erweiterung von SNA implementiert. Weitere Beispiele sind der COMMUNICATION MANAGER von TABS /Spec84/, das RELNET von SDD-1 /Hamm80/ und das ENHANCED NETWORK des von der Computer Corporation of America (CCA) entwickelten ADA-kompatiblen verteilten

Datenbankmanagers /Chan83/. Diese Erweiterungen realisieren im wesentlichen einen Teil der Buchhaltungsfunktionen und passen die vom KS angebotenen Dienste auf die speziellen Bedürfnisse der jeweiligen Anwendung an.

Existierende verteilte transaktionsorientierte Betriebssysteme (Abk. VTOBS) realisieren sowoh TM- als auch Datenmanagement-Funktionen. Da die Forschung auf diesem Gebiet noch relativ jung ist, existieren bislang noch wenige Vorschläge für VTOBS. Im folgenden werden die wichtigsten davon kurz vorgestellt:

- LOCUS: Das an der University of California in Los Angeles entwickelt VTOBS basiert auf den Konzepten des Betriebssystems UNIX. Es realisiert Mechanismen für die Transaktionsverarbeitung in verteilten Dateisystemen. Die in LOCUS zugrunde gelegten Recovery- und die Synchronisationskonzepte sind leicht modifizierte Varianten der von Moss vorgeschlagenen Konzepte (s. Kap. 4.3.1). Der Benutzer ist nicht in der Lage, eigene, auf seine spezielle Anwendung zugeschnittene, Recovery- und Synchronisationskonzepte zu realisieren.

Die von LOCUS angebotenen Funktionen sind auf eine ganz spezielle Anwendung zugeschnitten. LOCUS unterstützt im wesentlichen den Datentyp Datei und eine Menge von typischen Dateioperationen, wie z.B. Open-File, Create-File, Write-Block und Read-Block. Ein weiterer Punkt, der das Anwendungsspektrum von LOCUS einschränkt, ist die Tatsache, daß es auf eine UNIX-Umgebung fixiert ist.

- ARGUS-Sprache und -System: ARGUS wurde am M.I.T. entwickelt und basiert im wesentlichen auf den Arbeiten von Moss (s. Kap. 4.3.1). Die ARGUS-Sprache ist eine um Sprachkonzepte für die Transaktionsverarbeitung erweiterte Variante der Sprache CLU /Lisk81/ und wird durch das ARGUS-System unterstützt. In ARGUS wurde eine objektorientierte Architektur zugrunde gelegt: jedes Datenobjekt ist in einem 'Guardian' eingekapselt und kann nur über den Aufruf eines 'Handler' dieses 'Guardian' manipuliert werden.

ARGUS ist für den 'naiven' Benutzer konzipiert, was auf Kosten der Flexibilität des Systems geht. Der Benutzer ist wie in LOCUS nicht in der Lage, eigene Recovery- und Synchronisationsmechanismen zu verwirklichen und ist somit ausschließlich auf die vom System angebotenen Mechanismen angewiesen.

- <u>CLOUDS</u>: Das am Georgia Institute of Technology in Atlanta entwickelte System stellt einen weiteren Versuch dar, das Transaktionskonzept in ein verteiltes Betriebssystem zu integrieren. Wie ARGUS ist CLOUDS ein objektorientiertes System. Jedoch wird bei CLOUDS der Schwerpunkt weniger auf die Entwicklung von Sprachkonzepten sondern mehr auf die Bereitstellung allgemeiner und flexibler Betriebssystemfunktionen gelegt.

CLOUDS realisiert ebenfalls eine Variante der von Moss beschriebenen Recovery- und Synchronisationskonzepte. Im Gegensatz zu den bisher beschriebenen VTOBS ermöglicht CLOUDS jedoch dem Benutzer die Verwirklichung eigener Recovery- und Synchronisationsmechanismen. Dadurch wird gewährleistet, daß speziell auf die jeweilige Anwendung zugeschnittene Mechanismen realisiert werden können.

- <u>TABS</u>: In das an der Carnegie Mellon University entwickelte verteilte Betriebssystem wurden ebenfalls Mechanismen zur Transaktionsverarbeitung integriert. TABS ist wie ARGUS und CLOUDS ein objektorientiertes System: jedes Datenobjekt ist in einem 'Data Server' eingekapselt und kann nur von diesem manipuliert werden.

Von seiner Konzeption her ist TABS sehr ähnlich wie CLOUDS. TABS legt ebenfalls den Schwerpunkt auf die Bereitstellung flexibler Betriebssystemfunktionen und erlaubt dem Benutzer die Verwirklichung von eigenen Recovery- und Synchronisationskonzepten. Das in TABS zugrunde gelegte Transaktionsmodell ist jedoch weniger allgemein als das der anderen Systeme.

Im Hinblick auf das Anwendungsspektrum der oben beschriebenen Systeme stellen CLOUDS und TABS mit Sicherheit die flexibleren Ansätze dar - ARGUS wurde auf Kosten der Flexibilität für den einfachen Benutzer konzipiert, und LOCUS unterstützt nur Operationen auf Dateien und ist außerdem auf eine UNIX-Umgebung festgelegt. Darüberhinaus erlauben weder ARGUS noch LOCUS die Realisierung von benutzerspezifischen Recovery- und Synchronisationskonzepten. Trotzdem ist es zweifelhaft, ob CLOUDS und TABS geeignet sind, ein wirklich breites Spektrum transaktionsorientierter Anwendungen zu unterstützen. Beide Systeme sind objektorientiert und setzen daher eine objektorientierte Architektur der auf ihnen aufbauenden Anwendungssysteme voraus. Bisher ist jedoch umstritten, ob objektorientierte Architekturen für komplexe Systeme, wie etwa Datenbanksysteme, geeignet sind, insbesondere dann, wenn an die Effizienz der Systeme hohe Ansprüche gestellt werden. Darüberhinaus erscheint die von diesem Systemen angebotene Schnittstelle zu 'hoch', um darauf komplexe Systeme, wie etwa verteilte Datenbanksysteme, effizient implementieren zu können. Ein weiterer Nachteil ist, daß durch die Benutzung dieser Systeme die Prozeßstruktur des Anwendungssystems weitgehend vorgegeben ist. Zum Beispiel wird in ARGUS und LOCUS immer dann, wenn eine Transaktion migriert, auf dem Zielagenten ein neuer Prozeß kreiert, der nur Operationen dieser Transaktion ausführt. Da das Kreieren von Prozessen bei vielen Systeme eine relativ kostspielige Operation ist (in manchen Systemen über 5000 Instruktionen), können sich solche Strukturen bei Anwendungen, in denen die Migration von Transaktionen sehr häufig vorkommt, ungünstig auf die Effizienz des Systems auswirken.

Die von den existierenden VTOBS angebotenen TM-Funktionen erscheinen nicht allgemein und flexibel genug zu sein, um ein breites Spekturm von transaktionsorientierten Anwendungen zu unterstützten. Jedes der existierenden VTOBS ist für eine mehr oder weniger eingeschränkte Klasse von transaktionsorientierten Anwendungen konzipiert und kann daher der mit dem Kern verbundenen Forderung nach Allgemeinheit nicht gerecht werden. Die von den existierenden VTOBS realisierten Funktionen sind komplexer als die der TM-Komponente. Während der Benutzer eines VTOBS von der Realisierung von TM-, Recovery- und Synchronisationsmechanismen abstrahieren kann, muß der Benutzer der TM-Komponente die für die Synchronisation und das Daten-Recovery notwendigen Mechanismen selbst realisieren. Da man nicht jedem Benutzer zumuten kann, Recovery- und Synchronisationsmechanismen selbst zu implementieren, kann der Kern kein Ersatz für VTOBS sein. Vielmehr sollte er als Grundlage für die Implementierung verschiedener, auf spezielle Anwendungsklassen zugeschnittener VTOBS angesehen werden.

Die TM-Komponente stellt einen Satz von Funktionen zur Verfügung, die ein relativ komplexes Transaktionsmodell unterstützen. Diese Funktionen unterstützen auch alle weniger komplexen Transaktionsmodelle, die Spezialfälle dieses komplexen Typs sind. Unter dem Gesichtspunkt der Effizienz kann es jedoch besser sein, für weniger komplexe Transaktionsmodelle zusätzliche, auf die einzelnen Typen speziell zugeschnittene Funktionen anzubieten. Zum Beispiel sind flache Transaktionen ein Spezialfall von geschachtelten Transaktionen und werden somit von den vom Kern bereitgestellten TM-Funktionen ebenfalls unterstützt. Es kann jedoch wesentlich effizienter sein, eine Anwendung, in der nur flache Transaktionen verarbeitet werden, mit einem auf diese einfacheren Transaktionen zugeschnittenen Satz von TM-Funktionen zu unterstützen. In /Roth84b/ und /Roth85a/ werden TM-Funktionen für flache Transaktionen beschrieben. Diese Funktionen haben eine einfachere Schnittstelle und unterstützen das Management flacher Transaktionen wesentlich effizienter als die in dieser Arbeit beschriebenen Funktionen. Dies liegt daran, daß die Protokolle für flache Transaktionen bedeutend einfacher sind als die für geschachtelte Transaktionen und somit weniger Nachrichtentransfers und weniger Information auf stabilem Speicher benötigen. Ein weiteres Beispiel eines Funktionssatzes für ein weniger komplexes Transaktionsmodell wird in /Roth84c/ beschrieben. In dem dort zugrunde gelegten Modell besteht eine

Transaktion aus genau einem Arbeitsauftrag, der vollständig von einem entfernten Agenten ausgeführt wird. Eine Schachtelung von Transaktionen ist in diesem Modell nicht möglich. Diese einfachen Transaktionen, die häufig in sternförmig organisierten Systemen zu finden sind, werden sowohl durch die in /Roth84b/ als auch durch die in dieser Arbeit beschriebenen TM-Funktionen unterstützt, jedoch lange nicht so effizient wie durch die speziell für diese Transaktionen konzipierten Funktionen.

Die in dieser Arbeit und in /Roth84b/, /Roth84c/ und /Roth85a/ beschriebenen Funktionen sind ein erster Schritt in Richtung eines allgemeinen Kommunikationskerns für VTOS. Für die vollständige Entwicklung eines solchen Universalkerns bedarf es jedoch noch einer umfassenden Analyse von transaktionsorientierten Anwendungen hinsichtlich der benötigten Transaktionsmodelle, Protokolle und Kommunikationsdienste. Mit den aus dieser Analyse gewonnenen Informationen können dann die einzelnen Anwendungen klassifiziert und für jede Klasse ein individueller Satz von TM-Funktionen entwickelt werden.

Das ISO-Schichtenmodell für die Kommunikation in Offenen Systemen /ISO83/ liefert den passenden Rahmen zur funktionalen Einordnung von Kommunikationsdiensten und -Protokollen. Die von der TM-Komponente bereitgestellten Dienste sind der höchsten Schicht des Schichtenmodells, der Anwendungsschicht, zuzuordnen, da sie für eine spezielle Anwendungsklasse, die Klasse der verteilten transaktionsorientierten Anwendungen, zugeschnitten sind. Bei ISO hat man in der Zwischenzeit die Notwendigkeit transaktionsorientierter Protokolle und Dienste im Kontext Offener Systeme erkannt und mit der Standardisierung von Anwendungsschicht-Diensten und -Protokollen für 'Commitment, Concurrency und Recovery' (Abk. CCR) begonnen. Die Ergebnisse dieser Standardisierungsbemühungen werden in Kap. 6 ausführlich diskutiert. Ein Vergleich des ISO-Ansatzes mit dem hier beschriebenen Ansatz ist ebenfalls in Kap. 6 zu finden.

5. IMPLEMENTIERUNG

5.1 ÜBERSICHT

Seit Anfang 1986 steht eine Prototypversion des Kerns zur Verfügung. Die Implementierung dieses Prototyps wurde auf Digital
Equipment Corporation Rechnern der VAX-Familie durchgeführt, welche über ein Ethernet /Metc76/ mit einer Übertragungsrate von 10
Megabit/sec miteinander verbunden sind. Wegen seiner Realzeit-
eigenschaften wurde das Betriebssystem VAX-VMS als Implementie-
rungsgrundlage ausgewählt. Um eine möglichst hohe Effizienz zu
gewährleisten, wurden die Kommunikationsprotokolle des Kerns
direkt auf der Schnittstelle des vom VMS-Betriebssystem bereitgestellten Ethernet-Drivers implementiert. Diese Schnittstelle
stellt einen sehr einfache, aber sehr effizienten Datagram-Dienst
zur Verfügung. Der Prototyp wurde fast vollständig in PASCAL
/Jens74/ programmiert und umfaßt in etwa 15.000 'Lines of Code'.

In diesem Kapitel werden Implementierungsaspekte des Kerns
behandelt. Dabei wird weniger auf die Implementierung lokaler
Mechanismen, wie z.B. Puffer-, Port- oder FP-Klassen-Management,
sondern mehr auf die zur Realisierung der Kernprimitiven notwendigen Kommunikationsprotokolle eingegangen. Eine Beschreibung der
Implementierung der lokalen Mechanismen ist in /Dupp85/ und
/Schi85/ zu finden.

Zur Realisierung der ATOK-Primitiven sind ein Überwachungsprotokoll und ein Protokoll zur Realisierung eines Datagram-
Dienstes erforderlich. Das Überwachungsprotokoll ist eine leicht
modifizierte Variante des von Walter /Walt82/ vorgeschlagenen
Protokolls. Die Implementierung des Protokolls wird in /Habe85/
ausführlich beschrieben. Das Protokoll für den Datagram-Dienst
ist sehr einfach und ist eine leicht modifizierte Variante des in
/Tane81b/ beschriebenen Protokolls. Da die ATOK-Protokolle in der
Literatur gut beschrieben sind, werden in diesem Kapitel nur die

zur Realisierung der TM-Primitiven notwendigen Protokolle behandelt.

Zum Zwecke der Kooperation kommunizieren die Agenten eines VTOAS untereinander durch den Austausch von Nachrichten. Für die Kommunikation mit anderen Agenten benutzt ein Agent die von der lokalen TM-Komponente angebotenen Dienste. Um diese Dienste bereitstellen zu können, kommunizieren die TM-Komponenten untereinander gemäß einem Protokoll, das als TM-Protokoll bezeichnet wird.

Da für die Beschreibung des TM-Protokolls nur Interaktionen zwischen Agenten auf verschiedenen Knoten relevant sind, wird im folgenden angenommen, daß es nur entfernte Arbeitstransaktionen gibt und alle Arbeitstransaktionen auf Agenten entfernter Knoten migrieren, d.h. für jede Arbeitstransaktion ist der Ursprungs- und Ausführungsknoten verschieden.

Vor der Beschreibung des TM-Protokolls müssen noch einige Begriffe und Konventionen eingeführt werden. Die zum Ursprungs- agenten einer Transaktion lokale TM-Komponente wird im folgenden als Ursprungs-TM-Komponente (Abk. U-TMK) der Transaktion bezeichnet. Entsprechend bezeichnet die Ausführungs-TM-Komponente (Abk. A-TMK) die zum Ausführungsagenten der Transaktion lokale TM-Komponente. Als Wurzel-TMK wird die zum Wurzelagenten lokale TM-Komponente bezeichnet.

Abb. 5.1 zeigt die Schichtenarchitektur des Ursprungs- und Ausführungsknotens einer Transaktion. Ursprungs- und Ausführungs- agent der Transaktion kommunizieren miteinander mittels der von den lokalen TM-Komponenten bereitgestellten Kommunikations- dienste. Um diese Dienste bereitstellen zu können, kommuniziert die U-TMK mit der A-TMK unter Benutzung der vom Basissystem ange- botenen Kommunikationsdienste (s. Kap. 2) gemäß dem TM- Protokoll.

Zur besseren Unterscheidung zwischen der Agent/Agent-

Kommunikation (s. Kap. 4) und der Kommunikation zwischen TM-Komponenten werden die zwischen den TM-Komponenten ausgetauschten Nachrichten in Anführungszeichen geschrieben, wie z.B. "WORK". Nachrichten können mit Parametern versehen sein, z.B. "WORK(Parameter1, Parameter2, ...)". Die Parameterliste einer Nachricht wird weggelassen, wo sie für das Verständnis unwichtig ist.

Das TM-Protokoll kann in das Migrations- und Terminierungs-protokoll untergliedert werden. Diese beiden Teilprotokolle werden im zweiten und dritten Abschnitt dieses Kapitels beschrieben. Der vierte Abschnitt behandelt dann die Mechanismen zur Ent-deckung von verwaisten Transaktionen. Das Kapitel schließt mit einer kurzen Zusammenfassung.

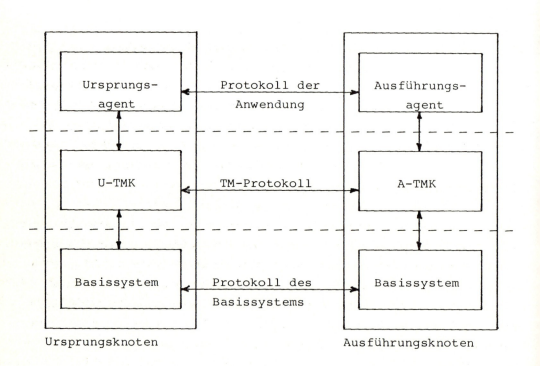

Abb. 5.1. Schichtenarchitektur eines VTOS

5.2 MIGRATION VON TRANSAKTIONEN

Eine Transaktion migriert in einem oder mehreren Arbeitsaufträgen von ihrem Ursprungsagenten zu ihrem Ausführungsagenten (s. Kap. 4). Ruft der Ursprungsagent einer Transaktion eine der Primitiven Work, Work&Commit oder Commit auf, so sendet die U-TMK der Transaktion einen "WORK"-, "WORK&COMMIT"- bzw. "COMMIT"-Auftrag zur A-TMK der Transaktion. Die A-TMK wertet die empfangene Nachricht aus und reicht einen WORK-, WORK&COMMIT- bzw. COMMIT-Auftrag an den Ausführungsagenten der Transaktion weiter. Hat der Ausführungsagent den Auftrag bearbeitet, so ruft er die Primitive Response oder Committed auf, worauf die A-TMK eine "RESPONSE"- bzw. "COMMITTED"-Antwort an die U-TMK zurücksendet. Diese wertet die empfangene Nachricht aus und gibt eine RESPONSE- bzw. COMMITTED-Nachricht an den Ursprungsagenten weiter.

Setzt man voraus, daß keine Kommunikations-, Transaktions- und Knotenstörungen auftreten, so gibt es zwischen der U-TMK und der A-TMK einer Transaktion eine nicht-leere Menge von sich zeitlich nicht überlappenden Auftrag/Antwort-Interaktionen, wobei der erste Auftrag entweder vom Typ "WORK" bzw. "WORK&COMMIT" und die letzte Antwort vom Typ "COMMITTED" ist. Da bei der Beschreibung des Migrationsprotokolls der Typ eines Auftrags bzw. einer Antwort (in den meisten Fällen) unwesentlich ist, werden "WORK", "WORK&COMMIT"- und "COMMIT"-Aufträge häufig einheitlich mit "REQ" abgekürzt; "RESPONSE"- und "COMMITTED"-Antworten werden mit "ANS" abgekürzt (s. Abb 5.2).

Das Migrationsprotokoll wird in zwei Schritten beschrieben. Der erste Abschnitt dieses Kapitels beschreibt das Protokoll unter der Annahme, daß wohl Kommunikationsstörungen, aber keine Transaktions- und Knotenstörungen auftreten können. Im zweiten Abschnitt werden dann die Erweiterungen und Modifikationen behandelt, die notwendig sind, um das Protokoll robust gegenüber Knoten- und Transaktionsstörungen zu machen.

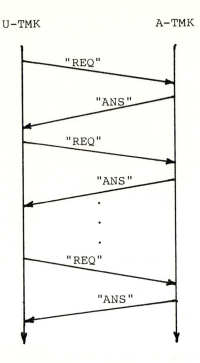

Abb. 5.2. Auftrag/Antwort-Interaktionen

5.2.1 Behandlung von Kommunikationsstörungen

Unter der Annahme, daß keine Transaktions- und Knotenstörungen auftreten, muß das Migrationsprotokoll trotz Kommunikationsstörungen die folgenden Bedingungen erfüllen:

- Jeder "REQ"-Auftrag muß genau einmal akzeptiert werden, und
- für jeden "REQ"-Auftrag muß genau eine "ANS"-Antwort empfangen werden.

Da die vom Basissystem bereitgestellten Kommunikationsdienste unzuverlässig sind, also Nachrichten z.B. verloren gehen oder dupliziert werden können (s. Kap. 2), müssen die TM-Komponenten

Kommunikationsrecovery durchführen.

Ein gesendeter "REQ"-Auftrag kann verloren gehen. Für die Übertragungssicherung von Aufträgen benutzt die U-TMK einer Transaktion den folgenden Mechanismus: Mit dem Senden eines "REQ"-Auftrags startet sie einen Timer T1. Läuft T1 ab, ohne daß der Empfang des Auftrags bestätigt wurde, so wird der Auftrag nochmals gesendet und der Timer erneut gestartet. Dieser Vorgang wird wiederholt bis eine Bestätigung eintrifft. Für die Bestätigung eines TM-Auftrags kommen prinzipiell zwei Möglichkeiten in Betracht:

(1) Die A-TMK bestätigt den Empfang eines "REQ"-Auftrags explizit durch eine "ACK"-Nachricht (s. Abb. 5.3a). Diese Art der Bestätigung hat den Vorteil, daß das Timeout-Intervall für Timer T1 nur von den Eigenschaften des Netzwerks abhängt und somit relativ leicht bestimmt werden kann. Eine sinnvolle Länge des Timeout-Intervalls für T1 wäre $IL(T1) = 2 * \ddot{U}Z$, wobei mit $\ddot{U}Z$ die mittlere Nachrichtenübertragungszeit zwischen der U-TMK und A-TMK bezeichnet wird. Der Nachteil dieses Verfahrens ist, daß jeder Auftrag explizit bestätigt werden muß, was (mindestens) einen zusätzlichen Nachrichtentransfer erforderlich macht.

(2) Der Empfang des "REQ"-Auftrags wird von der A-TMK nur implizit durch das Senden der entsprechenden "ANS"-Antwort quittiert, d.h. die Quittierung kann erst nach der Bearbeitung des Auftrags erfolgen (s. Abb 5.3b). Diese Art der Bestätigung erfordert im Gegensatz zu der oben beschriebenen Art keine zusätzlichen Nachrichtentransfers, so daß im güngstigsten Fall eine minimale Anzahl von Botschaften notwendig ist. Dafür hat sie den Nachteil, daß die Länge des Timeout-Intervalls für Timer T1 von der Art des Auftrags abhängig ist. Die Bearbeitungsdauer der Aufträge kann sehr stark schwanken und kann in vielen Fällen kaum abgeschätzt werden, insbesondere dann, wenn die Möglichkeit besteht, daß ein Auftrag weitere Aufträge initiiert. Wird das Timeout-

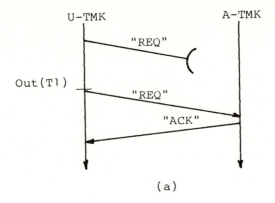

(a)

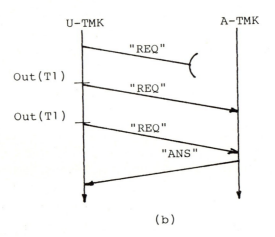

(b)

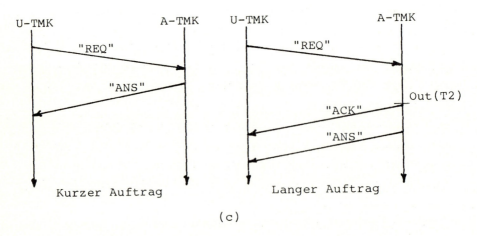

Kurzer Auftrag   Langer Auftrag

(c)

Out(Ti) ... Timeout von Timer Ti

Abb. 5.3. Bestätigung von "REQ"-Aufträgen

Intervall von Tl zu kurz gewählt, so werden unötig viele "REQ"-Aufträge gesendet. Ist das Timeout-Intervall groß, so besteht die Gefahr, daß es beim Verlust eines Auftrags zu großen Verzögerungen seitens der U-TMK kommt.

Weder die rein explizite noch die rein implizite Art der Bestätigung scheint das geeignete Verfahren zu sein, wenn die Bearbeitungsdauer eines Auftrags a priori unbekannt ist und gegebenenfalls beliebig lang sein kann. Aus diesem Grund benutzt das Migrationsprotokoll ein kombiniertes Varfahren, das die Vorteile der expliziten Bestätigung mit denen der impliziten Bestätigung verbindet. Beim Empfang des "REQ"-Auftrags startet die A-TMK nun ebenfalls einen Timer, T2 (s. Abb 5.3c). Ist vor Ablauf des Timers T2 die "ANS"-Nachricht sendebereit, dann wird diese Nachricht als implizite Bestätigung an die U-TMK zurückgesendet - d.h. eine explizite Bestätigung entfällt. Andernfalls quittiert die A-TMK nach Ablauf von T2 durch eine "ACK"-Nachricht. Dieses kombinierte Verfahren hat einerseits den Vorteil, daß die Länge des Timeout-Intervalls für Tl von der Bearbeitungsdauer des Auftrags unabhängig ist. Eine sinnvolle Länge dieses Timeout-Intervalls wäre $IL(T1) = 2 * ÜZ + IL(T2)$, wobei $IL(T2)$ die Länge des Timeout-Intervalls für T2 bezeichnet. Andererseits ist für Aufträge, deren Bearbeitungszeit geringer als $IL(T2)$ ist, keine explizite Quittierung notwendig. Die Wahl von $IL(T2)$ ist von verschiedenen Faktoren abhängig, wie etwa der Zuverlässigkeit des Netzwerks und der Länge der Verzögerung, die die U-TMK beim Verlust eines Auftrags akzeptieren kann.

Wie für die "REQ"-Aufträge stellt sich auch bei den "ANS"-Nachrichten das Problem der Übertragungssicherung. Bedingt durch die Kombination von expliziter und impliziter Bestätigung sind zwei Fälle zu unterscheiden:

Im ersten Fall quittiert die A-TMK den Empfang eines "REQ"-Auftrags nur implizit, d.h. die "ANS"-Antwort wird vor Ablauf des Timers T2 gesendet. Da die U-TMK den "REQ"-Auftrag periodisch sendet, bis sie die "ANS"-Antwort empfängt, muß sich die A-TMK nicht um die Übertragungssicherung der "ANS"-Nachricht kümmern. Empfängt die U-TMK einen bereits implizit quittierten "REQ"-Auftrag, so sendet sie nochmals die betreffende "ANS"-Nachricht (s. Abb. 5.4a).

Im zweiten Fall quittiert die A-TMK den Empfang eines "REQ"-Auftrags explizit durch eine "ACK"-Nachricht. Eine Lösung, die sich auf den ersten Blick anbietet, ist die folgende (s. Abb. 5.4b): Die U-TMK wird nach dem Empfang von "ACK" passiv und wartet auf den Empfang der betreffenden "ANS"-Nachricht. Die A-TMK übernimmt die Übertragungssicherung für die "ANS"-Nachricht; sie sendet die "ANS"-Nachricht periodisch bis sie von der U-TMK eine Quittung für diese Nachricht empfängt. Diese Lösung hat jedoch einen gravierenden Nachteil: die A-TMK ist dafür verantwortlich, daß die U-TMK nicht ewig wartet - nachdem die A-TMK die "ACK"-Nachricht gesendet hat, muß sie garantieren, daß die U-TMK eine Nachricht empfängt, die ihr Warten beendet. Wie man sich leicht vorstellen kann, führt eine solche Abhängigkeit zu einer wesentliche Erhöhung der Komplexität des Protokolls. Um Abhängigkeiten dieser Art zu vermeiden, wurde deshalb für das Migrationsprotokoll eine andere Lösung gewählt (s. Abb. 5.4c): Die U-TMK wird nach dem Empfang der "ACK"-Nachricht nicht passiv, sondern sendet periodisch "C-QUERY"-Nachrichten. Empfängt die A-TMK eine "C-QUERY", die sich auf einen bereits bearbeiteten "REQ"-Auftrag bezieht, so sendet sie nochmals die betreffende "ANS"-Antwort. Durch das Senden der Queries übernimmt die U-TMK (wie im ersten Fall) die Übertragungsicherung für die "ANS"-Nachricht. Der Nachteil dieser zweiten Lösung ist, daß bei "REQ"-Aufträgen mit langer Bearbeitungsdauer unter Umständen viele Queries notwendig sind. Dieser Nachteil wirkt sich jedoch nicht so stark aus, da einerseits Queries sehr kurze Nachrichten sind und andererseits die Queries, die zur selben TM-Komponente gesendet werden, zu einer komplexen Query zusammengefaßt werden können. Der Vorteil dieses Verfahrens ist, daß keine Abhängigkeiten der oben beschriebenen Art mehr bestehen. Wird z.B. eine Transaktion abgebrochen, so kann die A-TMK sofort sämtliche Informationen, die sie über diese Transaktion gespeichert hat,

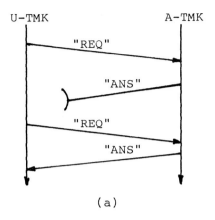

(a)

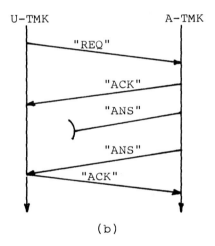

(b)

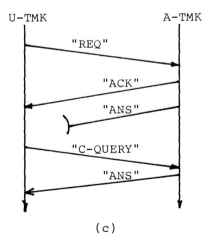

(c)

Abb. 5.4. Bestätigung von "ANS"-Nachrichten

wegwerfen.

Die bisher beschriebenen Mechanismen garantieren nur, daß eine "REQ"- bzw. "ANS"-Nachricht mindestens einmal empfangen wird. Um darüberhinaus noch garantieren zu können, daß jede "REQ"- bzw. "ANS"-Nachricht genau einmal akzeptiert wird, sind zusätzlich noch Mechanismen zur Duplikatunterdrückung notwendig.

Für die Duplikaterkennung wird ein transaktionsrelativer Numerierungsmechanismus benutzt. Jeder "REQ"-Auftrag enthält (neben anderen Informationen) einen TransaktionsId und eine sogenannte Auftragsnummer. Der TransaktionsId identifiziert die Transaktion, in welcher der Auftrag ausgeführt werden soll. Die Auftragsnummer ist eine transaktionsrelative Sequenznummer - der erste in einer gegebenen Transaktion auszuführende Auftrag hat die Auftragsnummmer 1, der zweite die Auftragsnummer 2, der dritte die Auftragsnummer 3, und so weiter. Wird ein Auftrag wiederholt gesendet, so wird dabei seine Auftragsnummer nicht verändert. Jede "ANS"-Nachricht enthält (neben anderen Informationen) ebenfalls einen TransaktionsId und eine Auftragsnummer. Das in einer "ANS"-Nachricht enthaltene Paar (TransaktionsId, Auftragsnummer) identifiziert eindeutig den "REQ"-Auftrag, zu welchem diese Antwort gehört. Mit den Auftragsnummern wird zweierlei erreicht: Erstens erlauben die Auftragsnummern duplizierte "REQ"- und "ANS"-Nachrichten zu erkennen und zweitens kann mit ihrer Hilfe eindeutig entschieden werden, welche Antwort zu welchem Auftrag gehört.

Vor einer ausführlicheren Beschreibung des Migrationsprotokolls müssen noch einige Datenstrukturen beschrieben werden. Auf jedem Knoten befinden sich auf flüchtigem Speicher die beiden Datenstrukturen W-Tab und C-Tab. Die erste dieser Strukturen enthält die Kontrollblöcke lokaler Arbeitstransaktionen, während in der zweiten die Kontrollblöcke lokaler Kontrolltransaktionen abgelegt sind. Zur Steuerung der Migration einer Transaktion T werden die Informationen im Kontrollblock von T sowie die im Kontrollblock der Kontrolltransaktion von T enthalenen Informationen benötigt. Zur Erinnerung: Die Kontrolltransaktion von T, im folgenden als K(T) bezeichnet, ist die Elterntransaktion von T und befindet sich auf dem Ursprungsknoten von T. Folglich befindet sich der Kontrollblock von K(T) in der C-Tab des Ursprungsknotens von T, während der Kontrollblock von T in der W-Tab des Ausführungsknotens von T abgelegt ist.

Der Kontrollblock der Kontrolltransaktion K(T) enthält die folgenden Komponenten:

- TId: TransaktionsId der Kontrolltransaktion K(T).

- ReqNo: Auftragsnummer des als nächstes zu sendenden "REQ(T,...)"-Auftrags.

- AnsExpected: Auftragsnummer der als nächstes erwarteten "ANS(T,...)"-Antwort.

- R-Buffer: Zeiger auf den Nachrichtenpuffer, in dem sich die zuletzt gesendete "REQ(T,...)"-Nachricht befindet. Eine "REQ"- Nachricht wird solange gepuffert, bis sie durch den Empfang einer "ACK"- oder "ANS"-Nachricht quittiert wird.

Der Kontrollblock der Arbeitstransaktion T enthält die folgenden Komponenten:

- TId: TransaktionsId der Arbeitstransaktion T.

- State: Flüchtiger Zustand der Arbeitstransaktion T. Im Gegensatz zum stabilen Zustand einer Transaktion geht der flüchtige Zustand durch einen Knotenzusammenbruch verloren. T kann sich in den folgenden flüchtigen Zuständen befinden (zur Unterscheidung von stabilen Zuständen werden flüchtige Zustände in Kleinbuchstaben geschrieben):

-- 'active': T ist aktiv, d.h. T wurde weder abgebrochen noch wurde für T das Commitment durchgeführt.

-- 'committed': T hat das Commitment durchgeführt, und die A-TMK von T befindet sich nicht in der Phase 1 des 2-Phasen-Commit-Protokolls (s. Kap. 5.3.2). In diesem Zustand kann sich nur eine Teiltransaktion befinden.

-- 'preparing': Die A-TMK von T befindet sich in der Phase 1 des 2-Phasen-Commit-Protokolls. In diesem Zustand kann sich ebenfalls nur eine Teiltransaktion befinden.

-- 'unknown': Für T existiert kein Kontrollblock in der lokalen W-Tab.

- ReqExpected: Auftragsnummer des als nächstes erwarteten "REQ(T,...)"-Auftrags.

- AnsNo: Auftragsnummer der als nächstes zu sendenden "ANS(T,...)"-Antwort.

- A-Buffer: Zeiger auf den Nachrichtenpuffer, in dem die zuletzt gesendete "ANS(T,...)"-Antwort abgelegt ist. Eine "ANS(T,...)"-Antwort beleibt solange gepuffert, bis sie durch den Empfang des nächsten "REQ(T,...)"-Auftrags implizit quittiert wird.

- BufferedAns: Ist eine "ANS(T,...)"-Antwort gepuffert, so enthält BufferedAns die Auftragsnummer dieser Antwort. Sonst hat diese Komponente den Wert 0.

Bei der Beschreibung des Protokolls wird die folgende Notation benutzt. W-Tab[T] bezeichnet den Kontrollblock von Transaktion T in W-Tab und W-Tab[T].X bezeichnet die Komponente X dieses Kontrollblocks. Für die Kontrollblöcke in C-Tab wird eine entsprechende Notation benutzt.

Ruft der Ursprungsagent einer Transaktion T die Primitive CreateRemoteSub auf, so wird eine lokale Kontrolltransaktion K(T) initiiert, d.h. für K(T) wird ein Kontrollblock in die lokale C-Tab eingefügt. Dabei werden die (hier relevanten) Komponenten

von C-Tab[K(T)] wie folgt initialisiert: AnsExpected:=1 und
ReqNo:=1. Transaktion T wird erst dann initiiert, wenn die A-TMK
von T den ersten "REQ(T,...)"-Auftrag empfängt (s.u.).

Ruft der Ursprungsagent einer Transaktion T eine der Primitiven
Work, Work&Commit oder Commit auf, so sendet die U-TMK von T,
also die lokale TM-Komponente, eine "REQ(T, C-Tab[K(T)].ReqNo,
...)"-Nachricht zur A-TMK von T. Danach wird C-Tab[K(T)].ReqNo um
eins erhöht und Timer T1 gestartet. Läuft Timer T1 ab, so wird
der gepufferte Auftrag nochmals gesendet und T1 erneut gestartet.
Dieser Vorgang wiederholt sich, bis eine (explizite oder implizite) Quittung empfangen wird.

Empfängt eine TM-Komponente eine "REQ(T, ReqNo, ...)"-Nachricht,
so überprüft sie zuerst, ob für Transaktion T ein Kontrollblock
in der lokalen W-Tab vorhanden ist. Ist dies nicht der Fall, so
sind zwei Fälle zu unterscheiden:

ReqNo = 1:

Es handelt sich um den ersten Auftrag von T. Die TM-
Komponente akzeptiert den Auftrag und initiiert T, d.h. sie
erstellt für T einen Kontrollblock in der lokalen W-Tab. Die
(hier relevanten) Komponenten von W-Tab[T] werden wie folgt
initialisiert: State:='active', ReqExpected:=2, AnsNo:=1 und
BufferedAns:=0.

ReqNo > 1:

Bei der empfangenen Nachricht handelt es sich um das
verzögerte Duplikat eines Auftrags. Transaktion T wurde
bereits erfolgreich beendet. (Bemerkung: Transaktions- und
Knotenstörungen werden hier ausgeschlossen). Der empfangene
Auftrag wird daher weggeworfen.

Wird für T in der lokalen W-Tab ein Kontrollblock gefunden, so
wird der Nachrichtenparameter ReqNo mit den Komponenten ReqExpected, AnsNo und BufferedAns dieses Kontrollblocks verglichen.
Dabei sind vier Fälle zu unterscheiden:

ReqNo = ReqExpected:

Der empfangene Auftrag wird erwartet und kann somit akzeptiert werden. ReqExpected wird inkrementiert und Timer T2 gestartet. Aus dem Empfang dieses Auftrags kann die A-TMK schließen, daß die zuletzt gesendete Antwort von der U-TMK empfangen wurde: sie setzt BufferedAns auf 0 und wirft die gepufferte "ANS"-Nachricht weg.

ReqNo ≠ ReqExpected ∧ ReqNo = AnsNo:

Der empfangene Auftrag ist ein Duplikat des zuletzt akzeptierten Auftrags. Für den Auftrag wurde noch keine Anwort gesendet, d.h. der Auftrag ist noch in Bearbeitung. Der Grund für ein solches Duplikat kann z.B. eine verlorengegangene explizite Bestätigung sein. Die U-TMK wirft den empfangenen Auftrag weg und quittiert mit einer "ACK(T,ReqNo)"-Nachricht. Falls Timer T2 noch läuft, wird dieser gestoppt.

ReqNo ≠ ReqExpected ∧ ReqNo = BufferedAns:

Der empfangene Auftrag ist ein Duplikat des zuletzt akzeptierten Auftrags, für welchen bereits eine Antwort gesendet wurde. Ein solches Duplikat kann z.B. durch den Verlust der zuletzt gesendeten "ANS"-Antwort hervorgerufen worden sein. Der Auftrag wird weggeworfen und die gepufferte "ANS"-Antwort erneut gesendet.

ReqNo ≠ ReqExpected ∧ ReqNo ≠ AnsNo ∧ ReqNo ≠ BufferedAns:

Der empfangene Auftrag ist ein Duplikat eines Auftrags, für den die U-TMK von T bereits eine Antwort empfangen hat. Der Auftrag wird weggeworfen.

Ruft der Ausführungsagent von T die Primitive Response oder Committed auf, so sendet die A-TMK von T eine "ANS(T, W-Tab[T].AnsNo, ...)"-Nachricht an die U-TMK von T und setzt W-Tab[T].BufferedAns auf den Wert von W-Tab[T].AnsNo. Anschließend wird W-Tab[T].AnsNo um eins erhöht. Läuft Timer T2 ab bevor eine Antwort sendebereit ist, so quittiert die A-TMK mit einer "ACK(T, W-Tab[T].AnsNo)"-Nachricht.

Empfängt die U-TMK von T eine "ACK(T,ReqNo)"-Nachricht, so überprüft sie, ob für K(T) ein Kontrollblock in der lokalen C-Tab vorhanden ist. Wenn nein, so ignoriert sie die Quittung, wenn ja, so vergleicht sie den Nachrichtenparameter AnsNo mit der Komponente AnsExpected dieses Kontrollblocks. Dabei sind zwei Fälle zu unterscheiden:

AnsNo = AnsExpected:

    Die empfangene Nachricht ist eine Quittung für den zuletzt gesendeten Auftrag. Falls noch eine "REQ"-Nachricht gepuffert ist, werden die folgenden Operationen durchgeführt: Timer T1 wird gestoppt und die gepufferte "REQ"-Nachricht weggeworfen. Anschließend wird Timer T3 gestartet. Läuft T3 ab, so wird eine "C-QUERY(T, AnsExpected)"-Nachricht zur A-TMK von T gesendet und T3 erneut gestartet. Dieser Vorgang wiederholt sich, bis die entsprechende Antwort empfangen wird.

AnsNo ≠ AnsExpected:

    Die Quittung bezieht sich auf einen Auftrag, für den bereits eine Antwort empfangen wurde - sie wird daher ignoriert.

Empfängt die U-TMK von T eine "ANS(T, AnsNo, ...)"-Nachricht, so überprüft sie, ob für K(T) ein Kontrollblock in der lokalen C-Tab vorhanden ist. Ist kein solcher Eintrag vorhanden, so heißt das, daß K(T) bereits aufgelöst wurde. In diesem Fall wird die empfangene Nachricht weggeworfen (s. auch Kap. 5.3.1). Ist ein Kontrollblock vorhanden, so wird der Nachrichtenparameter AnsNo mit der AnsExpected-Komponente dieses Kontrollblocks verglichen. Dabei sind wieder zwei Fälle zu unterscheiden:

AnsNo = AnsExpected:

    Die empfangene Antwort wird erwartet und kann daher akzeptiert werden. AnsExpected wird um eins erhöht und Timer T1 bzw. Timer T3 gestoppt.

AnsNo ≠ AnsExpected:

    Die empfangene Nachricht ist eine duplizierte Antwort und wird deshalb weggeworfen.

Empfängt die A-TMK von T eine "C-QUERY(T, ReqNo)"-Nachricht, so überprüft sie, ob für T ein Kontrollblock in der lokalen W-Tab vorhanden ist. Ist ein Kontrollblock vorhanden und ist ReqNo = W-Tab[T].BufferedAns, so wird die gepufferte "ANS"-Antwort erneut zur U-TMK von T gesendet. In allen anderen Fällen kann die Query ignoriert werden.

Das in Abb. 5.5 dargestellte Beispiel zeigt die Belegung der Komponenten AnsExpected und ReqNo in C-Tab[K(T)] und ReqExpected, AnsNo und AnsBufferd in W-Tab[T] während der Migration von Transaktion T. Die Transaktion migriert in zwei Aufträgen, "REQ(T,1,...)" und "REQ(T,2,...)".

5.2.2 Behandlung von Knoten- und Transaktionsstörungen

Bei der Beschreibung des Migrationsprotokolls im vorigen Abschnitt wurde davon ausgegangen, daß nur Kommunikationsfehler auftreten können. In diesem Abschnitt wird nun beschrieben, wie das Protokoll erweitert bzw. modifiziert werden muß, wenn man zusätzlich Transaktions- und Knotenstörungen zuläßt.

Wird eine Transaktion durch eine Knoten- oder Transaktionsstörung abgebrochen, so steht der in der W-Tab des Knotens gespeicherte Kontrollblock der Transaktion hinterher nicht mehr zur Verfügung. Da in dem im vorigen Abschnitt beschriebenen Migrationsprotokoll eine "C-QUERY(T,...)"-Nachricht nur dann beantwortet wird, wenn für Transaktion T ein Kontrollblock in W-Tab vorhanden ist, besteht die Möglichkeit, daß die U-TMK von T beliebig lange Queries sendet, ohne dafür jemals eine Antwort zu erhalten. Das gleiche Problem stellt sich bei Aufträgen mit Auftragsnummern größer als eins. Bricht z.B. eine Transaktion ab, nachdem der erste Auftrag in ihr bearbeitet und beantwortet wurde, so sendet die U-TMK den zweiten Auftrag periodisch, ohne jemals eine Antwort dafür zu bekommen.

C-Tab[K(T)]		Nachrichten-transfers	W-Tab[T]		
AnsExpected	Reqno		ReqExpected	AnsNo	BufferedAns
1	1		–	–	–
1	2	"REQ(T,1)" →	–	–	–
1	2		2	1	0
1	2	← "ANS(T,1)"	2	2	1
2	2		2	2	1
2	3	"REQ(T,2)" →	2	2	1
2	3		3	2	0
2	3	"ACK(T,2)"	3	2	0
2	3	"REQ(T,2)" →	3	2	0
2	3	← "ACK(T,2)"	3	2	0
2	3	"ANS(T,2)"	3	3	2
2	3	"C-QUERY(T,2)" →	3	3	2
2	3	← "ANS(T,2)"	3	3	2
3	3		3	3	2

Abb. 5.5. Belegung der Kontrollblockkomponenten

Um solche Situationen zu vermeiden, wird jede "C-QUERY(T,...)"-
und "REQ(T,...)"-Nachricht mit einer Auftragsnummer größer als
eins durch eine "UNKNOWN(T)"-Nachricht beantwortet, wenn kein
Kontrollblock für T existiert. Empfängt die U-TMK von T eine
"UNKNOWN(T)"-Nachricht, so kann sie daraus schließen, daß T in
der Zwischenzeit abgebrochen wurde. In einem solchen Fall bricht
sie die Kontrolltransaktion K(T) ab und benachrichtigt den
Ursprungsagenten.

Durch die oben beschriebene Modifikation wird noch nicht garantiert, daß tatsächlich jeder Transaktionsabbruch entdeckt wird.
Durch duplizierte Aufträge kann es vorkommen, daß eine
abgebrochene Transaktion erneut initiiert wird und dadurch der
Abbruch unentdeckt bleibt. Eine solche Situation ist in Abb.
5.6a dargestellt: Der Ausführungsknoten einer Transaktion T
bricht zusammen, nachdem der erste Auftrag "REQ(T,1,...)" bearbeitet und durch eine "ANS(T,1,...)"-Nachricht beantwortet wurde.
Wird nach dem Recovery des Knotens ein Duplikat des ersten
Auftrags empfangen, so wird T erneut aktiviert, wodurch der
Abbruch von T unerkannt bleibt. Entsprechendes gilt bei expliziten Transaktionsabbrüchen (s. Abb. 5.6b).

Das Problem der unentdeckten Transaktionsabbrüche kann im Rahmen
des Migrationsprotokolls mit einem Zeitmarkenmechanismus gelöst
werden. Dieser Mechanismus arbeitet nach folgendem Prinzip: Wird
eine Arbeitstransaktion T auf ihrem Ausführungsknoten initiiert,
so wird ihr eine lokal eindeutige Zeitmarke zugeordnet. Diese
Zeitmarke wird in jede "ANS(T, ...)"-Nachricht eingefügt.
Anhand der in einer empfangenen "ANS(T, ...)"-Nachricht enthaltenen Zeitmarke kann die U-TMK von T erkennen, ob T zwischenzeitlich durch eine Transaktions- oder Knotenstörung abgebrochen
wurde.

Für die Realisierung dieses Zeitmarkenmechanismus werden auf
jedem Knoten zwei weitere Datenstrukturen benötigt, CrashCount
und Clock. CrashCount ist ein stabiler Epochenzähler, der nach
jedem Knotenzusammenbruch erhöht wird. Eine Epoche eines Knotens

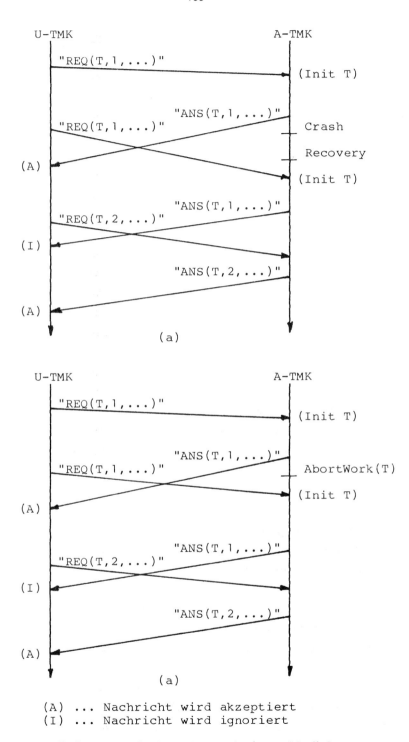

(A) ... Nachricht wird akzeptiert
(I) ... Nachricht wird ignoriert

Abb. 5.6. Unentdeckte Transaktionsabbrüche

endet mit dem Zusammenbruch des Knotens - das anschließende Recovery des Knotens leitet dann die nächste Epoche ein. Clock ist eine logische Uhr, die zur Vergabe lokal eindeutiger Zeitmarken benutzt wird. Clock wird durch die Konkatenation von CrashCount und einem flüchtigen Zähler realisiert, wobei der flüchtige Zähler die niederwertigen Stellen von Clock repräsentiert. Die Datenstruktur CrashCount wird auch von den Algorithmen zur Entdeckung verwaister Transaktionen benötigt (s. Kap. 5.4).

Die Kontrollblöcke in W-Tab und C-Tab werden jeweils um die Komponente TStamp erweitert. Die TStamp-Komponente im Kontrollblock einer Arbeitstransaktion enthält die der Transaktion zugeordnete Zeitmarke, die entsprechende Komponente im Kontrollblock einer Kontrolltransaktion beinhaltet die Zeitmarke des Kindes der Kontrolltransaktion.

Empfängt eine TM-Komponente einen "REQ(T,1,...)"-Auftrag und ist für T kein Eintrag in der lokalen W-Tab vorhanden, so führt sie neben den im vorigen Abschnitt beschriebenen Initialisierungen zusätzlich folgende Aktivitäten durch: sie weist W-Tab[T].TStamp den Wert von Clock zu und erhöht dann Clock um eins. W-Tab[T].TStamp wird im folgenden in jede "ANS(t, ...)"-Nachricht eingefügt.

Wenn die U-TMK von T eine "ANS(T,1,...)"-Nachricht akzeptiert, dann weist sie C-Tab[K(T)].TStamp den Wert der in dieser Nachricht enthaltenen Zeitmarke zu. Enthält eine der folgenden "ANS(T, ...)"-Nachrichten eine Zeitmarke, die mit C-Tab[K(T)].TStamp nicht übereinstimmt, so kann daraus geschlossen werden, daß T zwischenzeitlich durch eine Transaktions- oder Knotenstörung abgebrochen wurde. In einem solchen Fall bricht die U-TMK die Kontrolltransaktion K(T) ab (s. Kap. 5.3.1).

Das bisher beschriebenen Protokoll kann sehr einfach durch die zusätzliche Benutzung von Primitiven zur Überwachung der Verfügbarkeit entfernter Knoten optimiert werden (s. auch Kap. 3.2.4). Wird eine Transaktion T durch einen Zusammenbruch ihres

Ausführungsknotens abgebrochen und werden keine Überwachungs-
primitiven benutzt, so erfährt die U-TMK von diesem Abbruch
frühestens nachdem der Knoten das Recovery durchgeführt hat (s.
Abb. 5.7a). Da Knoten beliebig lange (aber nicht unendlich lange)
gestört sein können, kann eine solche Abhängigkeit zu nicht
akzeptierbaren Verzögerungen führen. Setzt dagegen die U-TMK von
T beim Senden des ersten Auftrags einen Watch auf den Ausführungsknoten von T, so wird sie informiert, sobald der Knoten
nicht mehr verfügbar ist (s. Abb. 5.7b). Signalisiert der
gesetzte Watch die Nichtverfügbarkeit des Knotens, so bricht die
U-TMK die Kontrolltransaktion K(T) ab und informiert den
Ursprungsagenten von T durch eine UNAVAILABLE-Nachricht von
diesem Umstand.

Bisher wurde nur beschrieben, wie die U-TMK einer Transaktion
einen Abbruch dieser Transaktion erkennen kann. In umgekehrter
Weise stellt sich ein ähnliches Problem: wie kann die A-TMK einer
Transaktion erkennen, daß die Kontrolltransaktion (oder irgendein
anderer Vorgänger) der Transaktion abgebrochen ist? Bricht die
Kontrolltransaktion einer Transaktion T ab, ohne daß die A-TMK
von T etwas davon merkt, so wird der Kontrollblock von T unter
Umständen niemals freigegeben. Das gleiche gilt für die
Ressourcen der Transaktion innerhalb der Anwendung. Eine Trans-
aktion, von der ein Vorgänger abgebrochen wurde, wird Waise
('Orphan') genannt. Der Begriff der verwaisten Transaktion und
der Algorithmus zur Entdeckung von Waisen werden in Kap. 5.4
ausführlich beschrieben.

5.3 TERMINIERUNG VON TRANSAKTIONEN

In Kap. 4 wurde der Ablauf der Terminierung einer Wurzeltransaktion aus der Sicht der Anwendung beschrieben. Aus dieser Sicht
kommuniziert die Wurzel-TMK, genannt Koordinator, mit den
Ausführungsagenten der notwendigen Nachfolger der Wurzeltransaktion, den sogenannten Teilnehmern, gemäß einem 2-Phasen-Commit
Protokoll. Aus der Sicht der Implementierung ergibt sich ein

etwas anderes Bild: der Koordinator kommuniziert nicht 'direkt' mit den Teilnehmern sondern nur 'indirekt' über die zu den Teilnehmern lokalen TM-Komponenten. Im folgenden wird wieder nur die Kommunikation zwischen den TM-Komponenten betrachtet. Aus dieser Sicht kommuniziert der Koordinator mit den A-TMK der notwendigen Nachfolger der Wurzeltransaktion, die zur besseren Unterscheidung als TM-Teilnehmer bezeichnet werden.

Die Schachtelungshierarchie einer Wurzeltransaktion kann als Baum dargestellt werden (s. auch Kap. 4). Abb. 5.8 zeigt den Transaktionsbaum der Wurzeltransaktion A1. Ein Teil der in einem Transaktionsbaum enthaltenen Informationen ist in den TransaktionsId gespeichert: Der TransaktionId einer Transaktion enthält den KnotenId des Ausführungsknotens der Transaktion sowie die TransaktionsId der Vorgänger der Transaktion. Außerdem sind die TransaktionsId so strukturiert, daß für zwei gegebene TransaktionsId bestimmt werden kann, welche der beiden identifizierten Transaktionen Vorgänger der anderen ist.

Der andere Teil der in einem Transaktionbaum gespeicherten Informationen wird von den TM-Komponenten im flüchtigen Speicher gehalten. Jede TM-Komponente merkt sich in der Datenstruktur W-TAB die Arbeitstransaktionen, die sich im Zustand 'active', 'committed' oder 'preparing' befinden. Die Wurzel-TMK hält ebenfalls im flüchtigen Speicher die Strukturen Visited und Aborts. Die Visited-Liste enthält alle Knoten, auf denen sich bis zur Wurzel festgelegte Nachfolger der Wurzeltransaktion befinden, d.h. anhand der in Visited enthaltenen Information lassen sich die TM-Teilnehmer ermitteln. Die Aborts-Liste enthält die TransaktionsId der abgebrochenen Nachfolger der Wurzeltransaktion. Die zur Erstellung von Visited und Aborts notwendigen Informationen fließen während der Auflösung der Nachfolger der Wurzeltransaktion von den Blättern des Transaktionsbaumes zur Wurzel. Während des Commitments der Wurzeltransaktion wird jedem TM-Teilnehmer die Aborts-Liste zugesendet. Anhand von Aborts und der lokal gespeicherten Datenstruktur W-Tab kann der TM-Teilnehmer entscheiden, welche Nachfolger der Wurzeltrans-

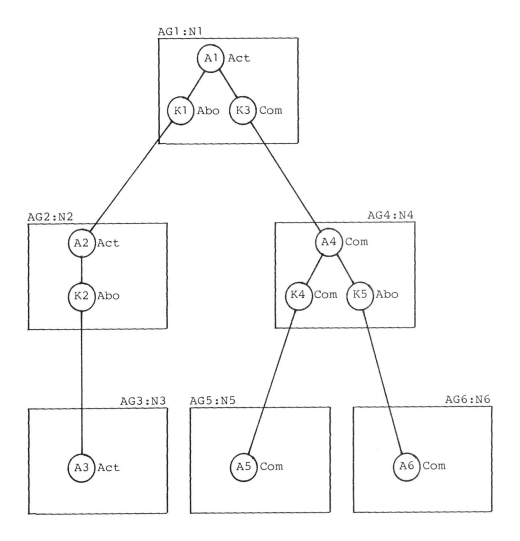

Act   ... Transaktion ist aktiv
Abo   ... Transaktion wurde abgebrochen
Com   ... Für die Transaktion wurde das Commitment durchgeführt
Ki   ... Kontrolltransaktion i
Ai   ... Arbeitstransaktion i
AGi:N ... Agent i - befindet sich auf Knoten N

Abb. 5.8. Beispiel eines Transaktionsbaumes

aktion er zu komplettieren hat.

Für den in Abb. 5.8 dargestellten Transaktionsbaum enthält die Visited-Liste von Al die KnotenId N4 und N5 und die Aborts-Liste die TransaktionsId K1 und K5.

Das in diesem Abschnitt beschriebene Terminierungsprotokoll basiert auf den Arbeiten von Moss /Moss81/ und Liskov /Lisk84/. Als Erweiterung der in diesen Arbeiten vorgeschlagenen Protokolle ermöglicht das hier vorgestellte Protokoll eine effizientere Terminierung von 'read-only'-Transaktionen.

5.3.1 Auflösung von Teiltransaktionen

Wie bereits erwähnt fließt die zum Aufbau der Visited- und Aborts-Liste einer Wurzeltransaktion notwendige Information während der Auflösung der Nachfolger von den Blättern zur Wurzel des Transaktionsbaumes. Für die Zwischenspeicherung dieser Information wird für jede aktive Transaktion eine Visited-Liste und eine Aborts-Liste im flüchtigen Speicher des Ausführungs-knotens der Transaktion gehalten. Visited und Aborts einer Transaktion T enthalten die folgenden Informationen:

- Visited: Diese Liste enthält die KnotenId der Ausführungsknoten der bis T festgelegten Nachfolger von T.

- Aborts: Diese Liste enthält die TransaktionsId der abgebroche-nen Nachfolger von T. Es ist klar, daß Aborts nicht zwei Trans-aktionen enthalten muß, von denen eine der Vorgänger der anderen ist. In einem solchen Fall genügt es, wenn nur die ältere der beiden Transaktionen in der Liste enthalten ist.

In dem in Abb. 5.8 dargestellten Transaktionsbaum enthält die Visited-Liste der Transaktion A4 kurz vor deren Commitment den KnotenId N5. In der Aborts-Liste von A4 befindet sich zu diesem Zeitpunkt der TransaktionsId K5.

Wird eine Arbeitstransaktion auf ihrem Ausführungsknoten initiiert, so wird neben einem Eintrag in W-Tab auch die Visited-
und Aborts-Liste der Transaktion eingerichtet. Beide Listen sind
anfangs leer. Aborts und Visited werden immer dann modifiziert,
wenn ein Kind der Transaktion aufgelöst wird. Führt ein Kind das
Commitment durch, so wird Aborts und Visited der Elterntransaktion mit den entsprechenden Listen des Kindes gemischt. Bricht
ein Kind ab, so wird sein TransaktionsId in die Aborts-Liste der
Elterntransaktion eingefügt.

Im folgenden werden die bei der Auflösung einer Teiltransaktion
auszuführenden Operationen etwas näher beschrieben. Ruft der
Ausführungsagent einer Transaktion T die Primitive Committed auf,
so führt die lokale TM-Komponente folgende Operationen durch:

(1) Eine "COMMITTED(T,...,Visited,   Aborts,...)"-Nachricht wird
    zur U-TMK gesendet. Die Nachricht enthält (neben anderen
    Informationen) die Aborts-Liste von T und die um den KnotenId
    des Ausführungsknotens von T erweiterte Visited-Liste von T.

(2) Der flüchtige Zustand von T wird von 'active' auf 'committed'
    geändert. Die Visited-Liste von T kann jetzt weggeworfen
    werden. Dagegen wird die Aborts-Liste von T aufgehoben bis T
    in den Zustand 'unknown' übergeht. Die Aborts-Liste einer
    Transaktion wird zur Entdeckung verwaister Nachfolger der
    Transaktion benutzt (s. Kap. 5.4.1).

Empfängt die U-TMK von T eine "COMMITTED(T,..., Visited,
Aborts,...)"-Nachricht, so führt sie für die Kontrolltransaktion
K(T) das Commitment durch:

(1) Die Aborts- und Visited-Liste der Elterntransaktion von K(T),
    also der Großelterntransaktion von T, werden mit den in der
    Nachricht enthaltenen Listen gemischt.

(2) Anschließend wird der Kontrollblock von K(T) aus der C-Tab
    entfernt.

Ruft der Ausführungsagent von Transaktion T die Primitive AbortWork auf, so führt die A-TMK von T die folgenden Operationen durch:

(1) Steht bezüglich T noch eine "ANS"-Nachricht aus (d.h. ist W-Tab[T].AnsBuffered=0), so wird eine "ABORTED(T)"-Nachricht zur U-TMK von T gesendet.

(2) Der Kontrollblock, die Visited- und die Aborts-Liste von T werden weggeworfen. Hat T Kinder (Bemerkung: diese Kinder können nur lokale Kontrolltransaktionen sein), so werden diese ebenfalls abgebrochen, d.h. die Kontrollblöcke der Kinder werden aus der lokalen C-Tab entfernt.

Eine Kontrolltransaktion K(T) kann aus verschiedenen Gründen abgebrochen werden. Sie kann entweder explizit von der Anwendung durch einen Aufruf der Primitive AbortControl oder implizit von der lokalen TM-Komponente, der U-TMK von T, abgebrochen werden. Die U-TMK von T bricht K(T) ab, wenn entweder eine "UNKNOWN(T)"-, "ABORTED(T)"- oder eine "ANS(T,...)"-Nachricht mit einer nicht passenden Zeitmarke empfangen wird. Sie bricht K(T) ebenfalls ab, wenn ein Watch die Nichtverfügbarkeit des Ausführungsknotens von T signalisiert. In jedem dieser Fälle führt die U-TMK von T die gleichen Operationen aus: Der TransaktionsId von K(T) wird in die Aborts-Liste der Elterntransaktion von K(T) eingefügt und in der lokalen C-Tab wird der Kontrollblock von K(T) gelöscht.

Der in Kap. 5.4 beschriebene Mechanismus zur Entdeckung verwaister Transaktionen garantiert, daß die A-TMK einer noch nicht beendeten Transaktion unabhängig von Störungen aller Art vom Abbruch einer Vorgängertransaktion erfährt. Aus diesem Grund ist es hier nicht notwendig, beim Abbruch einer Transaktion die A-TMK der Nachfolger der Transaktion von diesem Ereignis zu unterrichten. Eine solche Benachrichtigung kann jedoch zum Zwecke der Optimierung durchgeführt werden (s. auch Kap. 5.4).

5.3.2 Auflösung von Wurzeltransaktionen

Das Commitment einer Wurzeltransaktion wird gemäß einem 2-Phasen-Commit-Protokoll ausgeführt. In diesem Protokoll agiert die Wurzel-TMK als Koordinator und die TM-Komponenten der Knoten in der Visited-Liste der Wurzeltransaktion als TM-Teilnehmer. Der Koordinator agiert selbst als lokaler TM-Teilnehmer.

Während des Commitments einer Wurzeltransaktion muß Information auf stabilem Speicher gesichert werden. Die TM-Teilnehmer speichern diese Informationen in den lokalen TZ-Tabellen, die sowohl von den TM-Teilnehmern als auch von der Anwendung für Recovery-Zwecke benutzt werden. Aus der Sicht eines TM-Teilnehmers kann sich eine Transaktion entweder in dem stabilen Zustand 'UNKNOWN' oder 'READY' befinden. Eine Transaktion ist genau dann 'READY', wenn ihr TransaktionsId in einer lokalen TZ-Tabelle abgespeichert ist. Sonst befindet sie sich im Zustand 'UNKNOWN'.

Nicht nur die TM-Teilnehmer sondern auch der Koordinator benötigen Informationen auf stabilem Speicher. Diese Informationen werden in der (auf stabilem Speicher abgelegten) Datenstruktur TL-Committed gespeichert, die für die Anwendung im Gegensatz zu den TZ-Tabellen nicht sichtbar ist. Aus der Sicht des Koordinators befindet sich eine Wurzeltransaktion in einem der beiden stabilen Zustände 'UNKNOWN' oder 'COMMITTED'. Eine Wurzeltransaktion befindet sich aus der Sicht des Koordinators im Zustand 'UNKNOWN', wenn für sie in der lokalen TL-Committed-Tabelle kein Eintrag vorhanden ist. Geht eine Wurzeltransaktion in den Zustand 'COMMITTED' über, so wird der TransaktionsId und die Visited-Liste der Transaktion in einem atomaren Schritt in TL-Committed eingetragen. Hat eine Wurzeltransaktion den Zustand 'COMMITTED' erreicht, so ist ihr Commitment und das ihrer notwendigen Nachfolger entgültig.

Wie bereits erwähnt agiert der Koordinator gleichzeitig als lokaler Teilnehmer. Um die Beschreibung des Protokolls zu vereinfachen, wird im folgenden angenommen, daß der Koordinator mit sich selbst kommuniziert, d.h. daß er dem lokalen Teilnehmer wie den anderen Teilnehmern Nachrichten sendet und Nachrichten von ihm erwartet. In Wirklichkeit findet eine solche Kommunikation natürlich nicht statt. In Abb. 5.9 sind die möglichen Koordinator/TM-Teilnehmer-Interaktionen in Form von Zeit-Raum-Diagrammen (s. Kap. 4.4.3) dargestellt. Zur Vereinfachung wurde dabei angenommen, daß sich auf dem TM-Teilnehmer nur ein notwendiger Nachfolger der Wurzeltransaktion befindet.

Ruft der Ausführungsagent der Wurzeltransaktion T die Primitive CommitRoot auf, so führt der Koordinator das folgende Protokoll aus:

PHASE 1 DES KOORDINATORS:

(1) Der Koordinator sendet einen "PREPARE(T, ABORTS)"-Auftrag zu den TM-Teilnehmern. Die Argumente dieses Auftrags sind der TransaktionsId und die Aborts-Liste der Wurzeltransaktion.

(2) Der Koordinator wartet auf die Antworten der TM-Teilnehmer. Weist irgend ein TM-Teilnehmer den "PREPARE"-Auftrag zurück (indem er mit einer "REFUSE(T)"-Nachricht antwortet) oder antwortet irgend ein TM-Teilnehmer überhaupt nicht, so bricht der Koordinator die Wurzeltransaktion T ab und sendet jedem TM-Teilnehmer, der den Auftrag nicht zurückgewiesen hat, eine "ABORTED(T)"-Nachricht (s. Abb. 5.9b). Damit ist das Protokoll beendet.

Zeigen alle TM-Teilnehmer an, daß der "PREPARE"-Auftrag ausgeführt wurde (indem sie alle mit einer "PREPARED(T)"-Nachricht antworten), so ändert der Koordinator den stabilen Zustand von T in einem atomaren Schritt von 'UNKNOWN' auf 'COMMITTED'(s. Abb. 5.9a), d.h. der Koordinator fügt in einem atomaren Schritt den TransaktionsId und die Visited-Liste von T in die lokale Liste TL-Committed ein. Anschließend wird der Kontrollblock von T aus der lokalen W-Tab entfernt, d.h. der

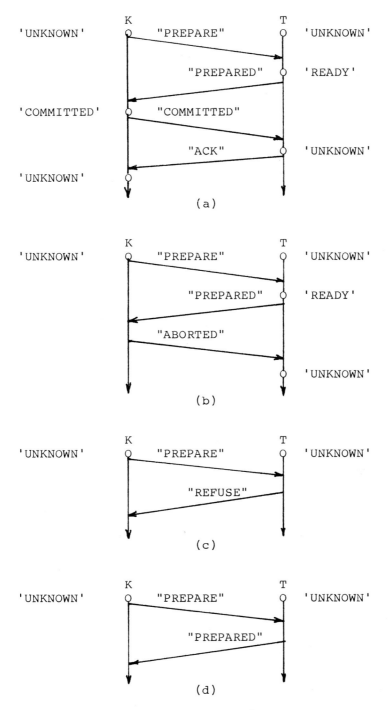

K ... Koordinator; T ... TM-Teilnehmer

Abb. 5.9 Koordinator/TM-Teilnehmer-Interaktionen

flüchtige Zustand der Transaktion wird von 'active' auf 'unknown' geändert. Damit wurde für die Wurzeltransaktion das Commitment durchgeführt und der Koordinator geht in Phase 2 über.

PHASE 2 DES KOORDINATORS:

(1) Der Koordinator sendet "COMMITTED(T)"-Nachrichten zu den TM-Teilnehmern der Phase 2. (Nur die TM-Teilnehmer, die mit einer "PREPARED(T, Participate=true)"-Nachricht geantwortet haben, nehmen an der Phase 2 des Protokolls teil (s.u.)).

(2) Der Koordinator wartet auf die Quittungen ("ACK(T)"-Nach-richten). Quittiert ein TM-Teilnehmer nicht, so sendet er eine weitere "COMMITTED"-Nachricht. Nachdem alle TM-Teilnehmer quittiert haben, ändert er den stabilen Zustand der Transaktion in einem atomaren Schritt von 'COMMITTED' auf 'UNKNOWN'. Damit ist das 2-Phasen-Commit-Protokoll des Koor-dinators beendet.

Empfängt ein TM-Teilnehmer eine "PREPARE(T, Aborts)"-Nachricht, so führt er das folgende Protokoll durch:

PHASE 1 EINES TM-TEILNEHMERS:

(1) Ist in der lokalen W-Tab kein 'committed'-Nachfolger von T zu finden, dann wird eine "REFUSE(T)"-Antwort an den Koordinator zurückgesendet (s. Abb. 5.9c). Eine solche Situation kann nur eintreten, wenn der TM-Teilnehmer nach dem Commitment eines Nachfolgers von T zusammengebrochen ist.

(2) Sonst wird jeder 'committed'-Nachfolger, D, von T mit den in dem Nachrichtenparameter Aborts enthaltenen Transaktionen verglichen. Ist D kein Nachfolger einer Transaktion in Aborts, so ist D bis zur Wurzel festgelegt, d.h. D ist ein notwendiger Nachfolger von T (s. auch Kap. 4.4.4). In diesem Fall wird ein PREPARE-Auftrag in den Terminierungsports von D

abgelegt und der flüchtige Zustand von D von 'committed' auf 'preparing' gesetzt. Ist dagegen D ein Nachfolger einer Transaktion in Aborts, so heißt das, daß irgendein Vorgänger von D abgebrochen ist. In diesem Fall wird ein BACKOUT-Auftrag in den Terminierungsports von D abgelegt und der Kontrollblock und die Aborts-Liste von D weggeworfen, d.h. der flüchtige Zustand von D wird von 'committed' auf 'unknown' gesetzt.

(3) Im folgenden wird mit ND die Menge der lokal zum TM-Teil-nehmer ausgeführten notwendigen Nachfolger von T bezeichnet. Das heißt, ND umfaßt die 'preparing'-Nachfolger von T in der lokalen W-Tab und, falls es sich bei dem TM-Teilnehmer um die Wurzel-TMK handelt, die Wurzeltransaktion T (die Relation 'notwendige Nachfolger' ist reflexiv). Nachdem für alle Transaktionen in ND entweder die Primitive Ready oder die Primitive DropOut aufgefufen wurde, werden die folgenden Operationen ausgeführt:

(a) Die stabilen Zustände der Transaktionen für die Ready aufgerufen wurde, werden alle gemeinsam in einem atomaren Schritt von 'UNKNOWN' auf 'READY' geändert, d.h. diese Transaktionen befinden sich entweder alle im 'READY'-Zustand oder im 'UNKNOWN'-Zustand. Diese Zustandsände-rungen müssen in einer atomaren Operation erfolgen, da sonst die Möglichkeit besteht, daß ein Teil der Transak-tionen in ND durch einen Knotenzusammenbruch zurückge-setzt wird, während sich der andere Teil schon im 'READY'-Zustand befindet. Eine solche Situation darf natürlich niemals eintreten, da sonst die Gefahr besteht, daß die Wurzeltransaktion trotz des Abbruchs von notwen-digen Nachfolgern das Commitment durchführt.

(b) Für jeden 'preparing'-Nachfolger von T werden der Kontrollblock und die Aborts-Liste weggeworfen, d.h. der flüchtige Zustand der 'preparing'-Nachfolger wird auf 'unknown' gesetzt.

(c) Anschließend wird an den Koordinator eine "PREPARED(T, Participate)"-Nachricht zurückgesendet. Wurde für alle Transaktionen in ND die Primitive DropOut aufgerufen, so wird der Parameter Participate auf 'false' gesetzt (s. Abb. 5.9d). Diese Belegung zeigt dem Koordinator an, daß der TM-Teilnehmer an der Phase 2 der Protokolls nicht mehr teilnehmen will. Wird für mindestens eine Transaktion in ND die Primitive Ready aufgerufen, so wird Participate auf 'true' gesetzt.

PHASE 2 EINES TM-TEILNEHMERS:

In der zweiten Phase erwartet der TM-Teilnehmer die Entscheidung des Koordinators. Empfängt er eine "COMMITTED(T)"- bzw. "ABORTED(T)"-Nachricht, so führt er die folgenden Operationen durch:

(1) In den Terminierungsports der R-Nachfolger von T, die sich im 'READY'-Zustand befinden, wird ein COMPLETE- bzw. BACKOUT-Auftrag abgelegt. R-Nachfolger ist die reflexive Version der Nachfolger Relation.

(2) Wird für eine 'READY'-Transaktion die Primitive Forget aufgerufen, so wird der stabile Zustand der Transaktion in einem atomaren Schritt auf 'UNKNOWN' gesetzt. Im Falle des Commitments von T wird nachdem alle R-Nachfolger von T, die sich im 'READY'-Zustand befinden, die Primitive Forget aufgerufen haben, eine "ACK(T)"-Bestätigung zum Koordinator zurückgesendet (s. Abb. 5.9a). Damit ist für den TM-Teilnehmer die Phase 2 des Protokolls beendet.

Bemerkungen:

Hört ein TM-Teilnehmer längere Zeit nichts vom Koordinator, dann kann er sich mit einer an den Koordinator gesendeten Query Klarheit über den Zustand der Transaktion verschaffen. Zur

Bestimmung des Koordinators kann der TransaktionsId der Wurzeltransaktion T benutzt werden. Ist der Koordinator in der Phase 2 des Protokolles, so beantwortet er die Query mit einer "COMMITTED(T)"-Nachricht; ist er noch in der Phase 1, so kann er die Query ignorieren, da die Entscheidung des Koordinators noch aussteht und später propagiert wird. Hat der Koordinator keine Information über T vorliegen, so beantwortet er die Query mit einer "UNKNOWN(T)"-Nachricht. Befindet sich der Sender der Query immer noch in Phase 2, wenn er die "UNKNOWN(T)"-Nachricht empfängt, so kann er daraus schließen, daß die Wurzeltransaktion abgebrochen wurde.

Das vorgestellte 2-Phasen-Commit-Protokoll ist robust gegenüber Kommunikations-, Transaktions- und Knotenstörungen. Bricht entweder ein TM-Teilnehmer oder der Koordinator zusammen bevor er die Phase 2 des Protokolles erreicht hat, so wird die Wurzeltransaktion abgebrochen. Bricht der Koordinator in Phase 2 ab, so reicht die in TL-Committed gespeicherte Information aus, um Phase 2 nach dem Recovery erneut durchzuführen. Bricht ein TM-Teilnehmer in der Phase 2 zusammen, so reicht die in den lokalen TZ-Tabellen gespeicherte Information aus, um nach dem Recovery Phase 2 wiederaufzunehmen.

Das oben beschriebene Protokoll ist noch nicht ganz korrekt. Bricht ein Knoten zusammen, auf dem sich eine nicht-leere Menge bis zur Wurzel festgelegter Nachfolger einer Wurzeltransaktion T befindet und führt dieser Knoten nach seinem Recovery für weitere Nachfolger von T das Commitment durch, so sind in der lokalen W-Tab 'committed'-Nachfoger von T vorhanden. Empfängt die TM-Komponente dieses Knotens dann einen "PREPARE(T)"-Auftrag, so führt sie fälschlicherweise diesen Auftrag aus, da sie mit den ihr bisher zur Verfügung stehenden Informationen nicht erkennen kann, daß notwendige Nachfolger von T durch einen vorangegangenen Knotenzusammenbruch abgebrochen wurden. Dieses Problem wird durch den in Kap. 5.4.2 beschriebenen Mechanismus zur Entdeckung von verwaisten Transaktionen gelöst.

5.4 ENTDECKUNG VERWAISTER TRANSAKTIONEN

Eine Waise ('Orphan') ist eine Transaktion im Zustand 'active' oder 'committed', deren Auswirkungen nicht mehr erwünscht sind. Waisen können entweder durch Transaktions- oder Knotenstörungen entstehen. Eine Transaktion T ist eine Waise, wenn ein Vorgänger von T durch eine Knoten- oder Transaktionsstörung abgebrochen wurde. T ist ebenfalls eine Waise, wenn irgendein Nachfolger von T, der bis T festgelegt ist, durch einen Knotenzusammenbruch zurückgesetzt wird.

In dem in Abb. 5.8 dargestellten Transaktionsbaum sind die Transaktionen A3, A2 und A6 verwaist, da Vorgänger von ihnen abgebrochen sind. Würde Knoten N5 zusammenbrechen, so würden die Arbeitstransaktionen A1 und A4 durch den Abbruch eines bis zu ihnen festgelegten Nachfolgers zu Waisen.

Waisen sind in zweierlei Hinsicht unerwünscht. Da ihre Ergebnisse nicht mehr benötigt werden, belegen sie unnötigerweise Ressourcen, die eventuell von anderen Transaktionen benötigt werden. Eine Transaktion kann z.B. verzögert werden, weil eine Waise eine von ihr benötigte Sperre besitzt. Da eine Waise von den Sperren eines abgebrochen Vorgängers abhängig ist, besteht darüberhinaus die Gefahr, daß eine Waise inkonsistente Daten sieht /Lisk84/. Solche inkonsistente Daten können dazu führen, daß sich ein Programm fehlerhaft verhält, daß es z.B. in eine Endlosschleife gerät. Eine weitere Gefahr besteht darin, daß das Programm inkonsistente Daten an den Benutzer weitergibt.

Von Liskov /Lisk84/ wird ein Algorithmus vorgeschlagen, der zweierlei garantiert: (1) alle Waisen werden entdeckt und (2) die Waisen werden so schnell entdeckt, daß sie keine inkonsistenten Daten sehen können. Um Bedingung (2) erfüllen zu können, ist ein komplexer und aufwendiger Algorithmus erforderlich. Darüberhinaus muß in jeder zwischen den Knoten ausgetauschten Nachricht eine unter Umständen sehr große Menge von Kontrollinformationen enthalten sein. Dieser Aufwand scheint aus verschiedenen Gründen nicht gerechtfertigt zu sein (s. auch /Walt85/):

- Die Fälle, in denen sich ein Programm bedingt durch inkonsistente Daten fehlerhaft verhalten kann, sind aller Voraussicht nach sehr selten (es läßt sich kaum ein Beispiel für einen solchen Fall konstruieren). Daher scheint es effizienter zu sein, solche seltenen Fälle im Anwendungsprogramm abzufangen.

- Die Gefahr, daß ein Benutzer inkonsistente Daten sehen kann, besteht grundsätzlich und unabhängig von Waisen dann, wenn nicht alle Benutzerausgaben einer Transaktion bis in die Phase 2 des Commit-Protokolles verzögert werden. Werden aber alle Benutzerausgaben so lange verzögert, so besteht auch nicht die Gefahr, daß eine Waise inkonsistente Daten an den Benutzer ausgibt, da eine Waise niemals in die Phase 2 kommen kann (s.u.).

Aus diesem Grund wurde hier ein Algorithmus gewählt, der nur Bedingung (1) garantiert. Dieser Algorithmus ist bedeutend einfacher und erfordert wesentlich weniger Kontrollinformation in den Nachrichten als der von Liskov vorgeschlagene Algorithmus. Der Algorithmus zur Entdeckung von Waisen läßt sich in zwei Teilalgorithmen zerlegen: Teilalgorithmus 1 entdeckt die durch den Abbruch eines Vorgängers entstandene Waisen; Teilalgorithmus 2 erkennt verwaiste Transaktionen, die durch das Zurücksetzen eines Nachfolgers zu Waisen geworden sind.

5.4.1 Teilalgorithmus 1

Der in diesem Abschnitt vorgestellte Algorithmus endeckt Transaktionen, die durch den Abbruch eines Vorgängers verwaist sind. Er arbeitet nach dem folgenden Prinzip: Solange sich eine Transaktion im Zustand 'committed' oder 'active' befindet, sendet die A-TMK der Transaktion periodisch "P-QUERY"-Nachrichten an die U-TMK der Transaktion. Empfängt die U-TMK eine solche Nachricht, so prüft sie anhand der lokal gespeicherten Informationen, ob die Transaktion aus ihrer Sicht eine Waise ist. Bei dieser Prüfung kann sie zu dreierlei Ergebnissen kommen: (1) Die Transaktion ist eine Waise, (2) die Transaktion ist aus ihrer Sicht keine Waise, (3) sie kann anhand der ihr vorliegenden Informationen nicht entscheiden, ob die Transaktion eine Waise ist oder nicht. Kommt sie zum Ergebnis (2), so bleibt die Query unbeantwortet, kommt sie zum Ergebnis (1) oder (3), so teilt sie der A-TMK das jeweilige Ergebnis in einer Query-Antwort mit. Kommt die U-TMK zum Ergebnis (3), so sendet die A-TMK eine Query zur Wurzel-TMK. Der Algorithmus garantiert, daß spätestens beim Empfang der Antwort auf diese Query eine verwaiste Transaktion von ihrer A-TMK als solche erkannt wird.

Im folgenden wird der Algorithmus etwas genauer beschrieben. Empfängt die U-TMK von T eine "P-QUERY(T)"-Nachricht, so gibt es mehrere Möglichkeiten:

- Für die Kontrolltransaktion K(T) ist ein Kontrollblock in der lokalen C-Tab vorhanden, d.h. die Kontrolltransaktion von T wurde bisher noch nicht aufgelöst. Aus der Sicht der U-TMK ist T keine Waise, weshalb die Query auch nicht beantwortet wird.

- Für K(T) ist kein Kontrollbock in der C-Tab vorhanden, und die Elterntransaktion, E, von K(T) ist entweder im Zustand 'active', 'committed' oder 'preparing'. Hier sind zwei Fälle zu unterscheiden:

  -- K(T) ist in der Aborts-Liste von E, d.h. K(T) wurde abgebrochen. In diesem Fall ist T eine Waise und die U-TMK beantwortet die Query mit einer "IS-ORPHAN(T)"-Nachricht.

  -- K(T) ist in der Aborts-Liste von E nicht enthalten, d.h. die Kontrolltransaktion wurde durch das Commitment aufgelöst. Aus der Sicht der U-TMK ist T keine Waise, weshalb auch die Query nicht beantwortet wird.

- Für K(T) ist kein Kontrollblock in der C-Tab vorhanden, und E ist 'unknown'. Das heißt, E wurde entweder abgebrochen oder die U-TMK von T befindet sich 'mindestens' in der Phase 2 des Commit-Protokolles. In diesem Fall kann die U-TMK nicht entscheiden, ob T eine Waise ist oder nicht und beantwortet die Query mit einer "UNKNOWN(T)"-Nachricht.

Empfängt die A-TMK von T eine "UNKNOWN(T)"-Antwort, so kann sich T zu diesem Zeitpunkt im Zustand 'active', 'committed', 'preparing' oder 'unknown' befinden. Befindet sich T im Zustand 'unknown' oder 'preparing', so kann die Antwort ignoriert werden. Befindet sie sich im Zustand 'active', so ist T eine Waise; dies folgt unmittelbar aus der Tatsache, daß K(T) bereits aufgelöst ist. Ist T im Zustand 'committed', so kann keine Entscheidung getroffen werden. In diesem Fall sendet die A-TMK von T eine "R-QUERY(T)"-Nachricht zur A-TMK der umgebenden Wurzeltransaktion R.

Empfängt die Wurzel-TMK eine "R-QUERY(T)"-Nachricht, so sind folgende Fälle zu unterscheiden:

- R ist 'active', und die Wurzel-TMK ist in ihrer Eigenschaft als Koordinator noch nicht in der Phase 1 des Commit-Protokolles. In diesem Fall ist T eine Waise und die Wurzel-TMK antwortet mit einer "IS-ORPHAN(T)"-Nachricht. Bei dieser Entscheidung wird natürlich vorausgesetzt, daß die U-TMK von T zuvor eine Query mit "UNKNOWN(T)" beantwortet hat.

- R ist 'active', und die Wurzel-TMK befindet sich in ihrer Eigenschaft als Koordinator in der Phase 1 des Commit-Protokolles. Hier sind zwei weitere Fälle zu unterscheiden:

  -- T ist ein Nachfolger einer Transaktion in der Aborts-Liste von R, d.h. ein Vorgänger von T wurde abgebrochen. Die A-TMK von T wird davon durch eine "IS-ORPHAN(T)"-Nachricht unterrichtet.

-- T ist kein Nachfolger einer Transaktion in der Aborts-Liste von R, d.h. T ist ein notwendiger Nachfolger von R. Die A-TMK von T wird im Rahmen des 2-Phasen-Commit-Protokolles davon unterrichtet, daher muß die Query nicht beantwortet werden.

- R ist 'unknown', d.h. für R ist kein Kontrollblock in der lokalen W-Tab vorhanden. Dafür gibt es zwei Möglichkeiten. Entweder wurde R abgebrochen oder die Wurzel-TMK befindet sich in ihrer Eigenschaft als Koordinator mindestens in Phase 2 des Commit-Protokolles. In diesem Fall kann keine Entscheidung getroffen werden, und die Wurzel-TMK antwortet mit einer "UNKNOWN(T)"-Antwort.

Empfängt die A-TMK von T eine "UNKNOWN(T)"-Antwort von der Wurzel-TMK und befindet sich T immer noch im Zustand 'committed', so ist T eine Waise. Wurde T in der Zwischenzeit komplettiert oder zurückgesetzt, so kann die Antwort ignoriert werden.

Erfährt die A-TMK von T, daß T verwaist ist, so legt sie in den Terminierungsports von T einen BACKOUT-Auftrag ab. Darüberhinaus wird der Zustand von T auf 'unknown' gesetzt, d.h. alle über die Transaktion gespeicherten Informationen werden weggeworfen. Befinden sich auf dem Knoten Nachfolger von T, so wird mit diesen in gleicher Weise verfahren.

Daß mit Hilfe dieses Algorithmus alle durch den Abbruch eines Vorgängers verwaisten Transaktionen erkannt werden, ist leicht einzusehen. Bricht eine Arbeitstransaktion T ab, so werden dadurch alle 'acitve'- oder 'committed'-Nachfolger von T zu Waisen. Die A-TMK der Enkelkinder von T entdecken den Abbruch durch ihren Query-Mechanismus (Bemerkung: die Kinder von T sind lokale Kontrolltransaktionen). Entdeckt eine dieser A-TMK den Abbruch von T, so setzt sie sämtliche lokalen Nachfolger von T zurück. Der Abbruch dieser Transaktionen wird wiederum von den A-TMK der Enkelkindern dieser Transaktionen entdeckt. Dieser Vorgang wiederholt sich, bis alle Nachfolger von T zurückgesetzt sind.

Eine Möglichkeit, die Beseitigung von Waisen zu beschleunigen, ist die folgende: Erkennt die A-TMK einer Transaktion T, daß T verwaiste Nachfolger hat, so kann sie die A-TMK der ihr bekannten Nachfolger davon benachrichtigen. Diese Benachrichtigung ist jedoch eine Optimierung des Algorithmus und muß daher nicht erfolgen. Das hat den Vorteil, daß die für eine solche Benachrichtigung notwendige Kommunikation nicht zuverlässig sein muß. Erfolgt die Benachrichtigung einer A-TMK nicht, z.B. wegen eines Nachrichtenverlustes oder einer Netzwerkpartitionierung, so garantiert der Query-Mechanismus der A-TMK, daß die lokalen Waisen entdeckt werden.

5.4.2 Teilalgorithmus 2

Eine Transaktion wird zur Waise, wenn ein bis zu ihr festgelegter Nachfolger durch einen Knotenzusammenbruch zurückgesetzt wird. Waisen dieser Art werden durch den in diesem Abschnitt behandelten Algorithmus entdeckt. Der vorgestellte Algorithmus arbeitet nach dem folgenden Prinzip: Jede Visited-Liste enthält zusätzlich für jeden Knoten einen Epochenzähler. Der Epochenzähler eines Knotens in einer Visited-Liste identifiziert die Epoche, in der der Knoten besucht wurde. Führt das Kind einer Transaktion das Commitment durch, so wird die Visited-Liste der Elterntransaktion mit der des Kindes verglichen. Ist der Epochenzähler eines Knotens in der Visited-Liste der Elterntransaktion kleiner als in der der Kindtransaktion, so ist mindestens ein bis zur Elterntransaktion festgelegter Nachfolger abgebrochen, d.h. die Elterntransaktion ist verwaist.

Empfängt die U-TMK einer Transaktion T eine "COMMITTED(T,..., Visited,...)"-Nachricht, so wird die in der Nachricht enthaltene Visited-Liste mit der Visited-Liste der Elterntransaktion der Kontrolltransaktion K(T) verglichen. Im folgenden wird die Elterntransaktion mit E, die in der Nachricht enthaltene Visited-Liste mit $Visited_M$ und die Visited-Liste von E mit $Visited_E$ bezeichnet. Bei dem Vergleich sind drei Fälle zu unterscheiden:

- Der Epochenzähler eines Knotens ist in Visited$_M$ kleiner als in Visited$_E$, d.h. mindestens ein bis T festgelegter Nachfolger von T wurde durch einen Knotenzusammenbruch zurückgesetzt. In diesem Fall wird K(T) abgebrochen und der Ursprungsagent von T durch eine ABORTED-Nachricht informiert.

- Der Epochenzähler eines Knotens in Visited$_M$ ist größer als in Visited$_E$, d.h. es wurde mindestens ein bis E festgelegter Nachfolger von E durch einen Knotenzusammenbruch zurückgesetzt. In diesem Fall werden E und alle lokalen Nachfolger von E abgebrochen. Darüberhinaus wird in den Terminierungsports der abgebrochenen Arbeitstransaktionen ein BACKOUT-Auftrag abgelegt.

- Die Epochenzähler der sowohl in Visited$_M$ als auch in Visited$_E$ enthaltenen Knoten sind alle gleich. In diesem Fall wird für K(T) das Commitment durchgeführt und (neben anderen Aktivitäten, s. Kap. 5.3.1) Visited$_M$ mit Visited$_E$ gemischt.

Der oben beschriebene Algorithmus garantiert noch nicht, daß jeder Abbruch eines notwendigen Nachfolgers entdeckt wird. Bricht ein Knoten, der in der Visited-Liste der Wurzeltransaktion T verzeichnet ist, zusammen und empfängt dieser Knoten nach dem Recovery und vor der Ankunft des "PREPARE(T)"-Auftrags eine Menge von duplizierten Aufträgen, die ihn veranlaßt, für einen Nachfolger von T das Commitment durchzuführen (s. z.B. Abb. 5.10), so besteht die Gefahr, daß für T trotz des Abbruchs von notwendigen Nachfolgern das Commitment durchgeführt wird. Dieses Problem läßt sich sehr einfach lösen, indem in jeden "PREPARE"-Auftrag die Visited-Liste der Wurzeltransaktion eingefügt wird. Beim Empfang des "PREPARE"-Auftrages vergleicht jeder TM-Teilnehmer den aktuellen Stand des lokalen Epochenzählers mit dem in der Visited-Liste verzeichneten Stand. Unterscheiden sich die beiden, so führt er den Auftrag nicht durch und antwortet mit einer "REFUSE"-Nachricht.

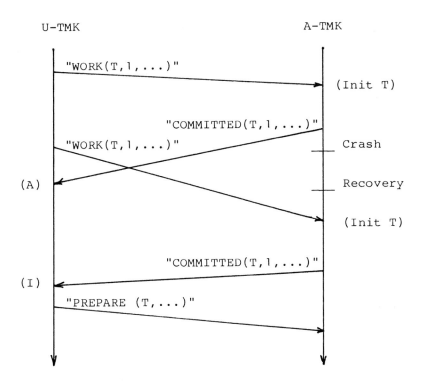

U-TMK   A-TMK

"WORK(T,1,...)"   (Init T)

"COMMITTED(T,1,...)"
"WORK(T,1,...)"   Crash

(A)   Recovery

                                         (Init T)

"COMMITTED(T,1,...)"
(I)
"PREPARE (T,...)"

(A) ... Nachricht wird akzeptiert

(I) ... Nachricht wird ignoriert

Abb. 5.10. Commitment einer zuvor abgebrochenen Transaktion

5.5 ZUSAMMENFASSUNG

In diesem Kapitel wurden die TM-Protokolle vorgestellt. Im einzelnen wurden ein Migrationsprotokoll, ein Terminierungsprotokoll
und ein Algorithmus zum Erkennen verwaister Transaktionen
beschrieben. Um diese Beschreibung möglichst einfach und
verständlich zu gestalten, wurden unwichtige Details weggelassen
und manche Sachverhalte etwas vereinfacht dargestellt. Eine
detaillierte Beschreibung der Implementierung dieser Protokolle
ist in /Zell85/ zu finden.

Das Migrationsprotokoll ist robust gegenüber Kommunikations-, Knoten- und Transaktionsstörungen. Für die Bestätigung von Aufträgen benutzt dieses Protokoll ein Verfahren, das eine Kombination von expliziter und impliziter Bestätigung darstellt. Dieses Verfahren benötigt bei Aufträgen mit kurzer Bearbeitungsdauer eine minimale Anzahl von Nachrichten (2 Nachrichtentransfers pro Auftrag/Antwort-Interaktion). Gleichzeitig garantiert es, daß bei Aufträgen mit langer Bearbeitungsdauer Auftragsnachrichten nicht unnötig oft übertragen werden müssen (im Normalfall genau einmal). Explizite und implizite Transaktionsabbrüche werden im Rahmen dieses Protokolls mit Hilfe eines Zeitmarkenmechanismus entdeckt.

Das Terminierungsprotokoll ist ebenfalls robust gegenüber Kommunikations-, Knoten- und Transaktionsstörungen. Das vorgestellte 2-Phasen-Commit-Protokoll erlaubt, daß beim Commitment einer Wurzeltransaktion, Knoten auf denen sich nur 'read-only'-Nachfolger der Wurzeltransaktion befinden, nicht an der Phase 2 des Protokolles teilnehmen müssen. Im Falle des Commitments der Wurzeltransaktion werden dadurch pro Knoten, der nicht an der Phase 2 teilnimmt, mindestens zwei Nachrichtentransfers eingespart. Im Falle des Abbruchs der Wurzeltransaktion reduziert sich die Ersparnis auf einen Nachrichtentransfer. Diese Ersparnis kann sich stark auf die Effizienz des Systems auswirken, insbesondere bei Anwendungen mit einem hohen Anteil von 'read-only'-Transaktionen.

Der vorgestellte Algorithmus zur Entdeckung von Waisen garantiert, daß alle Waisen unabhängig von Kommunikations-, Transaktions- und Knotenstörungen entdeckt werden. Im Gegensatz zu dem von Liskov vorgeschlagenen Algorithmus garantiert er nicht, daß Waisen entdeckt werden bevor sie inkonsistente Daten sehen. Dadurch vereinfacht sich der Algorithmus wesentlich. Außer einem Epochenzähler pro Knoten benötigt der Algorithmus keine Informationen auf stabilem Speicher. Darüberhinaus enthalten nur die "COMMITTED"- und "PREPARE"-Nachrichten zusätzliche Kontrollinformation für die Waisenentdeckung. Diese zusätzliche Kontrollinformation beschränkt sich bei einer "PREPARE"-Nachricht auf eine Visited-Liste und bei einer "COMMITTED"-Nachricht auf die in der in der Visited-Liste der Nachricht enthaltenen Epochenzähler. Im Vergleich dazu benötigt der von Liskov vorgeschlagene Algorithmus im stabilen Speicher eines jeden (logischen) Knotens die Datenstrukturen Map und Done. Die Map-Liste eines Knotens enthält für jeden anderen Knoten, den dieser Knoten kennt, einen KnotenId und einen Epochenzähler. In Done sind alle dem Knoten bekannten Transaktionen gespeichert, die irgendwo einen verwaisten Nachfolger haben könnten. Diese beiden Datenstrukturen können einen beachtlichen Umfang annehmen, insbesondere dann, wenn das Netzwerk groß ist. Beide Datenstrukturen werden in jede Nachricht, die zwischen den Knoten ausgetauscht wird, eingefügt. Beim Empfang einer Nachricht werden die in der Nachricht enthaltenen Datenstrukturen mit den lokal gespeicherten Strukturen gemischt, so daß unter Umständen pro empfangener Nachricht einige Zugriffe auf stabilen Speicher notwendig sind.

6. SYNCHRONISATION, COMMITMENT UND RECOVERY IN OFFENEN SYSTEMEN

6.1 ÜBERSICHT

Unter Offenen Systemen versteht man Rechnersysteme, die aufgrund der gegenseitigen Befolgung einer Menge von Normen in der Lage sind, untereinander Informationen auszutauschen. Die Normen für Offene Systeme basieren auf einem Architekturmodell, das unter dem Namen Referenzmodell für 'Open Systems Interconnection' (Abk. OSI) bekannt ist. Dieses Modell soll den für eine planvolle Entwicklung von Standards notwendigen Rahmen liefern.

Das Referenzmodell hat eine Schichtenarchitektur bestehend aus 7 Schichten. Für jede dieser Schichten werden von der 'International Organization for Standardization' (Abk. ISO) in Zusammenarbeit mit anderen Normungsgremien Dienst- und Protokoll-spezifikationen erstellt. So auch für die Anwendungsschicht ('Application layer'), die als höchste Schicht des Referenz-modells unter anderem Funktionen für Commitment, Concurrency und Recovery (Abk. CCR) bereitstellt. Die Normungsarbeit für CCR wird im ISO Unterkommittee ISO/TC97/SC21 durchgeführt. Als Ergebnis dieser Arbeit wurden im August 1984 die Definition des CCR-Dienstes /ISO84a/ und die CCR-Protokollspezifikation /ISO84b/ als Draft Proposal verabschiedet.

Der Rest dieses Kapitel ist wie folgt untergliedert: Im zweiten Abschnitt dieses Kapitels wird kurz das Referenzmodell vorgestellt, das den Rahmen für die Beschreibung des CCR-Dienstes und des CCR-Protokolls liefert. Die Funktion und Struktur der Anwendungschicht wird im dritten Abschnitt beschrieben. Der vierte Abschnitt führt das Modell für den im fünften Abschnitt beschriebenen CCR-Dienst ein. Im sechsten Abschnitt wird das Prinzip des CCR-Protokolls skizziert. Die in der Norm für den CCR-Dienst definierten Regeln für die Synchronisation und das Recovery werden im siebten Abschnitt vorgestellt. Der achte

Abschnitt bewertet schließlich die von der ISO vorgeschlagene
Norm für CCR und vergleicht den CCR-Dienst mit den von der
TM-Komponente bereitgestellten Funktionen. Es sei darauf hingewiesen, daß sich sowohl der CCR-Dienst als auch das CCR-Protokoll
noch ändern können, da beide bisher nur als Draft Proposal
vorliegen.

6.2 DAS ISO-REFERENZMODELL

Das ISO Referenzmodell für OSI wurde innerhalb des ISO Unteraus-
schusses TC97/SC16 entwickelt und 1983 als Internationaler
Standard verabschiedet /ISO83/. Mit diesem Referenzmodell wird
das Ziel verfolgt, eine gemeinsame Grundlage für die Entwicklung
von Normen für Offene Systeme zu schaffen. Das Referenzmodell
definiert selbst keine Normen, sondern liefert nur den funktionalen und konzeptionellen Rahmen dafür.

Das Referenzmodell hat eine Schichtenarchitektur und umfaßt
sieben Schichten. Jede dieser Schichten (außer der höchsten) hat
die Aufgabe, der nächst höheren Schicht eine definierte Menge von
Diensten bereitzustellen. Zur Verwirklichung der Dienste einer
Schicht werden die Dienste der darunter liegenden Schicht
benutzt. Den einzelnen Schichten werden folgende Funktionen
zugeordnet:

1. Physikalische Schicht ('Physical layer'):
   Diese Schicht ermöglicht die Übertragung von Bitströmen
   zwischen zwei benachbarten Systemen.

2. Datensicherungsschicht ('Data Link layer'):
   Diese Schicht ermöglicht die Übertragung von Datenblöcken
   zwischen zwei benachbarten Systemen.

3. Netzwerkschicht ('Network layer'):
   Diese Schicht ermöglicht den Aufbau einer (Netzwerk-) Verbindung zwischen zwei Systemen. Sind die Systeme nicht
   benachbart, so wird Routing durchgeführt.

4. Transportschicht ('Transport layer'):

Diese Schicht paßt die von der Netzwerkschicht angebotene Qualität der Dienste auf die speziellen Erfordernisse des Endsystems an.

5. Kommunikationssteuerungsschicht ('Session layer'):

Diese Schicht koordiniert und synchronisiert die Aktivitäten von Anwendungen.

6. Darstellungsschicht ('Presentation layer'):

Diese Schicht befaßt sich mit der Syntax von Daten und liefert der Anwendungsschicht die benötigte Darstellung der Daten.

7. Anwendungsschicht ('Application layer):

Diese Schicht ermöglicht den Anwendungen, auf die OSI-Umgebung zuzugreifen. Eine detailierte Beschreibung der Anwendungsschicht wird im folgenden Abschnitt gegeben.

6.3 FUNKTION UND STRUKTUR DER ANWENDUNGSSCHICHT

Als höchste Schicht ermöglicht die Anwendungsschicht den Anwendungsprozessen ('application processes', Abk. A-Prozesse) auf die OSI-Umgebung zuzugreifen. Ein A-Prozeß befindet sich vollständig auf einem einzigen Offenen System und führt eine definierte Menge von Datenverarbeitungsfunktionen aus. Ein A-Prozeß kann z.B. als ein bestimmtes Programm, eine lokale Transaktion oder eine an einem Bildschirm arbeitende Person interpretiert werden. Die Anwendungschicht dient als Fenster zwischen A-Prozessen, die die OSI-Umgebung zum gegenseitigen Austausch von Informationen benutzen. Sie enthält alle Funktionen, die für die Kommunikation in Offenen Systemen relevant sind und nicht schon von den darunter liegenden Schichten bereitgestellt werden.

Die aktiven Elemente eines A-Prozesses können als eine Menge von Datenverarbeitungsfunktionen modelliert werden. Die Funktionen eines A-Prozesses lassen sich in zwei disjunkte Mengen unterteilen (s. Abb. 6.1):

- Funktionen, die <u>nicht</u> mit Kommunikationsaspekten befaßt sind. Die Gesamtheit dieser Funktionen wird als Benutzerelement ('user element') bezeichnet und ist nicht Bestandteil der OSI-Umgebung.

- Funktionen, die mit Kommunikationsaspekten befaßt sind. Die Gesamtheit dieser Funktionen wird als Anwendungseinheit ('application entity', Abk. A-Einheit) bezeichnet. Die A-Einheit stellt dem Benutzerelement den Kommunikationsdienst ('communication service') bereit.

Die Funktionen einer A-Einheit lassen sich zu Anwendungsdienstelementen ('application service elements', Abk. A-Dienstelemente) zusammenfassen. Der einzig sichtbare Aspekt eines A-Dienstelements ist der von ihm bereitgestellte Dienst. A-Dienstelemente werden vom Benutzerelement direkt oder indirekt benutzt - das Benutzerelement ruft A-Dienstelemente auf, die dann ihrerseits zur Erbringung ihres Dienstes weitere A-Dienstelemente aufrufen können.

Die A-Dienstelemente werden in drei Kategorien eingeteilt (s. Abb. 6.1):

- <u>Gemeinsame A-Dienstelemente</u> ('<u>common application service elements</u>', Abk. CASE):
  Die von diesen Dienstelementen bereitgestellten Dienste werden unabhängig von der Natur der Anwendung von den A-Prozessen für die Kommunikation in Offenen Systemen benötigt. Die gemeinsamen A-Dienstelemente sind Bestandteil der OSI-Umgebung.

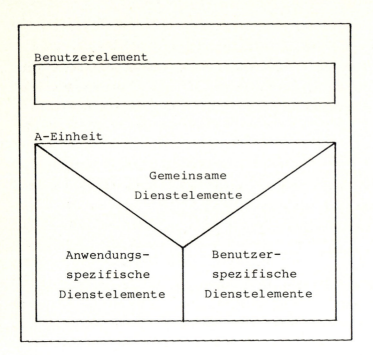

Abb. 6.1. Struktur eines A-Prozesses

- Anwendungsspezifische Dienstelemente ('application specific service elements'):
  Diese Dienstelemente liefern Dienste, die zur Durchführung spezieller Informationstransferprozesse mit einer breiten Anwendung (z.B. Dateitransfer, Jobtransfer, Datenbankzugriffe) notwendig sind. Sie sind ebenfalls Teil der OSI-Umgebung.

- Benutzerspezifische Dienstelemente ('user specific service elements'):
  Diese Dienstelemente liefern Dienste, die auf die Bedürfnisse einzelner A-Prozesse zugeschnitten sind und sind daher nicht Bestandteil der OSI-Umgebung.

In jedem Offenen System besteht die Anwendungsschicht aus einer Menge von lokal identifizierbaren A-Dienstelementen. Die von einem A-Prozeß benötigten A-Dienstelemente bilden eine A-Einheit. Eine spezielle Instanz eines A-Prozesses (z.B. eine spezielle Ausführung eines Programms oder eine spezielle Aktivierung einer lokalen Transaktion) benötigt eine spezielle Menge von A-Dienstelementen. Die Gesamtheit dieser Dienstelemente ist eine Instanz der betreffenden A-Einheit ('application entity instance', Abk. AE-Instanz).

Zwei AE-Instanzen kommunizieren miteinander unter Benutzung von Anwendungsprotokollen ('Application protocols', Abk. A-Protokolle). Die dabei auszutauschenden A-Protokolldateneinheiten ('Application protocol data units') werden über eine Darstellungsverbindung ('Presentation connection', Abk. D-Verbindung) übertragen.

Der CCR-Dienst ist in der Anwendungschicht angesiedelt und wird von einer Menge von Gemeinsamen A-Dienstelementen bereitgestellt. Er kann benutzt werden, wenn es notwendig ist, die Kooperation zweier oder mehrerer AE-Instanzen als atomare Transaktion zu organisieren. Kooperierende AE-Instanzen kommunizieren über eine Menge von D-Verbindungen, auf denen unterschiedliche A-Protokolle benutzt werden können. Der CCR-Dienst liefert die Mittel zum Initiieren und Terminieren des A-Protokollaustausches auf den einzelnen D-Verbindungen. Er garantiert, daß die atomare Eigenschaft von Transaktionen trotz Anwendungsstörungen ('application failures') und Kommunikationsstörungen ('communication failures') erhalten bleibt. Als Anwendungsstörung wird bei ISO das Fehlverhalten einer AE-Instanz bezeichnet, während eine Kommunikationsstörung ein Fehlverhalten des benutzten Kommunikationsdienstes darstellt.

6.4 DAS MODELL FÜR DEN CCR-DIENST

In dem vom CCR-Dienst zugrunde gelegten Modell sind alle Transaktionen flach, d.h. Transaktionen dürfen keine Teiltransaktionen enthalten. Eine Transaktion wird von einer Menge von kooperierenden AE-Instanzen ausgeführt. Die kooperierenden AE-Instanzen müssen ihre Aktivitäten in Form einer Baumstruktur organisieren. Diese Baumstruktur wird Transaktions- baum ('action tree') genannt. Die Knoten im Transaktionsbaum einer Transaktion repräsentieren die an der Transaktion beteiligten AE-Instanzen, während die Kanten die Vorge- setzte/Untergebene - Beziehungen (s.u.) der beteiligten AE-Instanzen darstellen. Während der Ausführung einer atomaren Transaktion kann jede an der Transaktion beteiligte AE-Instanz weitere AE-Instanzen beteiligen und kontrollieren. Eine AE-Instanz, die eine oder mehrere AE-Instanzen kontrolliert, ist die Vorgesetze ('superior') dieser Instanzen. Eine AE-Instanz, die von einer AE-Instanz kontrolliert wird, ist die Untergebene ('subordinate') dieser Instanz. Eine AE-Instanz, die direkt oder indirekt die gesamten Aktivitäten einer atomaren Aktion kontrol- liert, wird Master-Instanz ('master') genannt.

Abb. 6.2 zeigt den Transaktionsbaum einer Transaktion, an der die AE-Instanzen A, B, C, D, E, F, G, H und J beteiligt sind. Die AE-Instanz A repräsentiert die Master-Instanz der Transaktion.

Zwischen den an einer atomaren Transaktion beteiligten AE-Instanzen besteht eine CCR-Verbindung ('CCR-association'). Eine CCR-Verbindung überlebt sowohl Kommunikations- als auch Anwendungsstörungen. Eine CCR-Verbindung wird durch die CCR-Dienstelemente initiiert und terminiert.

Das CCR-Modell kennt zwei Kategorien von Daten, normale Daten ('normal data') und sichere Daten ('secure data'). Im Modell wird angenommen, daß sichere Daten im Gegensatz zu normalen Daten niemals verloren gehen. Normale Daten und sichere Daten entsprechen Daten auf flüchtigem bzw. stabilem Speicher (s. Kap.

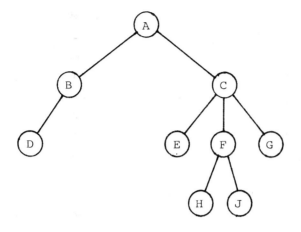

Vorgesetzte	Untergebene
A	B, C
B	D
C	E, F, G
F	H, J

Abb. 6.2. Transaktionsbaum

---

2). Kommt es in einem realen System zu einem Verlust von sicheren Daten, so kann dies zum Zusammenbruch des CCR-Dienstes führen. Dagegen wird die Funktion des CCR-Dienstes durch den Verlust von normalen Daten nicht beeinflußt. Im Modell wird zwischen zwei Arten von sicheren Daten unterschieden:

1) Gebundene Daten ('bound data'): Die gebundenen Daten einer Transaktion sind die Daten, die von der Transaktion manipuliert werden. Diese Daten sind auf die Dauer der Transaktion an die Transaktion 'gebunden'. Man unterscheidet zwei Zustände von gebundenen Daten, den Initialzustand ('initial state') S0 und den Endzustand ('final state') S1. Die gebundenen Daten

einer Transaktion befinden sich vor der ersten Manipulation der Transaktion im Zustand S0. Nach der erfolgreichen Ausführung der Transaktion befinden sie sich im Zustand S1.

2) Verbindungsdaten ('association data'): Die Verbindungsdaten einer CCR-Verbindung existieren auf die Dauer der Verbindung und sind zur Aufrechterhaltung der Verbindung erforderlich. Unter anderem enthalten diese Daten folgende Informationen:

- Informationen über den Zustand der betreffenden Transaktion,

- Informationen, die für die Synchronisationskontrolle notwendig sind, z.B. Informationen über die von der Transaktion gesetzten Sperren,

- Informationen, die ein Zurücksetzten der gebundenen Daten der Transaktion ermöglichen, z.B. 'Before Images' der gebundenen Daten der Transaktion.

Die in den Verbindungsdaten enthaltenen Informationen und deren Benutzung sind von der jeweiligen Implementierung des CCR-Dienstes abhängig.

Jede AE-Instanz greift auf die Ressourcen ihres eigenen Systems zu und macht Änderungen auf diesen Ressourcen als Teil der Ausführung einer atomaren Transaktion. Für die Synchronisation der Zugriffe auf die Ressourcen werden lokale Mechanismen verwendet. Diese lokalen Mechanismen sind Teil des CCR-Dienstes.

Alle gebundenen Daten einer Transaktion können jederzeit bis zum Commitment dieser Transaktion durch lokale Recovery-Mechanismen in ihren Initialzustand S0 zurückgesetzt werden. Diese Recovery-Mechanismen sind Bestandteil des CCR-Dienstes.

Nach einer Anwendungsstörung ermöglichen die sicheren Daten in Verbindung mit dem CCR-Dienst eine Fortführung der von der Störung beeinflußten Transaktionen. Dabei wird gewährleistet, daß die atomare Eigenschaft der Transaktionen erhalten bleibt.

Eine AE-Instanz kommuniziert mit ihren Untergebenen über eine Menge von D-Verbindungen. Auf verschiedenen D-Verbindungen können unterschiedliche, auf die durchzuführende Arbeit zugeschnittene A-Protokolle benutzt werden. Der CCR-Dienst unterstützt lediglich die Initiierung und Terminierung des Protokollaustausches auf den einzelnen D-Verbindungen.

6.5 DER CCR-DIENST

Zur Spezifikation des CCR-Dienstes werden sogenannte Dienst-primitiven ('service primitives') benutzt. Mit ihrer Hilfe wird eine abstrakte Benutzerschnittstelle für die CCR-Dienstelemente beschrieben. Eine Dienstprimitive wird zwischen einem Benutzer und einem CCR-Dienstelement ausgetauscht und entweder vom Dienstelement oder vom Benutzer generiert. Dienstprimitiven können zum Zwecke der Übergabe von Kontroll- und Benutzerdaten mit Parametern versehen sein.

Man unterscheidet zwischen unbestätigten und bestätigten Dienstelementen. Zur Spezifikation von unbestätigten Dienst-elementen werden zwei Dienstprimitiven benötigt. Abb. 6.3a zeigt die für das unbestätigte Dienstelement X erforderlichen Dienstprimitiven: Benutzer B1 ruft X durch Ausgabe einer 'X request'-Dienstprimitive auf; die Ausführung von X wird Benutzer B2 durch die Ausgabe einer 'X indication'-Dienstprimitive ange-zeigt. Für die Spezifikation eines bestätigten Dienstelements sind vier Dienstprimitiven notwendig. Abb. 6.3b zeigt die für das bestätigte Dienstelement X benötigten Dienstprimitiven. B2 ant-wortet nach dem Empfang von 'X indication' mit der Ausgabe einer 'X response'-Dienstprimitive. Dies wird B1 durch die Ausgabe einer 'X confirmation'-Dienstprimitive angezeigt.

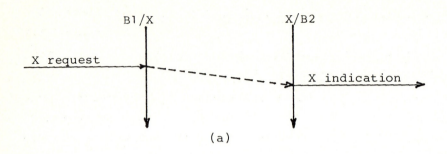

(a)

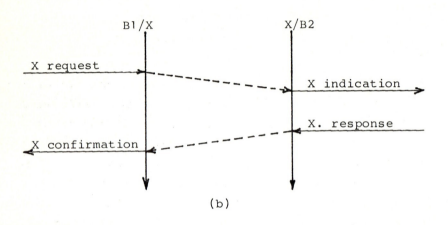

(b)

B1/X ... Schnittstelle zwischen Benutzer B1 und Dienstelement X

X/B2 ... Schnittstelle zwischen Benutzer B2 und Dienstelement X

Abb. 6.3. Dienstprimitive für ein bestätigtes und unbestätigtes
          Dienstelement

6.5.1 Initiierung

C-BEGIN request: von einer Vorgesetzten ausgegeben

C-BEGIN indication: an eine Untergebene ausgegeben

Das C-BEGIN-Dienstelement initiiert eine neue atomare Transaktion
bzw. beteiligt eine neue AE-Instanz an einer bereits bestehenden
atomaren Transaktion, d.h. C-BEGIN initiiert eine neue
CCR-Verbindung bzw. erweitert eine bereits bestehende
CCR-Verbindung um eine weitere AE-Instanz. Nach dem Aufruf von

C-BEGIN beginnt die Verarbeitungsphase für den neuen Zweig der Transaktion. Während der Verarbeitungsphase werden andere, auf die auszuführende Arbeit zugeschnittene A-Dienstelemente aufgerufen. Diese Dienstelemente sind <u>nicht</u> Bestandteil des CCR-Dienstes.

6.5.2 Einleitung der Terminierungsphase

C-PREPARE request: von einer Vorgesetzten ausgegeben
C-PREPARE indication: an eine Untergebene ausgegeben

Mit dem C-PREPARE-Dienstelement kann eine Vorgesetzte einer Untergebenen mitteilen, daß der von ihnen verarbeitete Zweig der atomaren Transaktion beendet ist. Gleichzeitig wird die Untergebene aufgefordert das C-READY- oder das C-REFUSE-Dienstelement (s.u.) aufzurufen. C-PREPARE muß nicht aufgerufen werden, wenn die Untergebene das Ende der Transaktion selbst erkennen kann.

6.5.3 Angebot für das Commitment

C-READY request: von einer Untergebenen ausgegeben
C-READY indication: an eine Vorgesetzte ausgegeben

Eine Untergebene benutzt das C-READY-Dienstelement, um ihrer Vorgesetzten das Commitment für eine Transaktion anzubieten. Eine Untergebene, die das Commitment anbietet, muß unabhängig von Anwendungsstörungen in der Lage sein, die Transaktion erfolgreich zu beenden.

6.5.4 Verweigerung des Commitments

C-REFUSE request: von einer Untergebenen ausgegeben
C-REFUSE indication: an eine Vorgesetzte ausgegeben

Das C-REFUSE-Dienstelement kann jederzeit von einer Untergebenen benutzt werden, um ihrer Vorgesetzten mitzuteilen, daß sie das Commitment einer Transaktion ablehnt. Eine Untergebene kann entweder C-REFUSE oder C-READY aufrufen, aber nicht beides.

6.5.5 Commitment

C-COMMIT request: von einer Vorgesetzten ausgegeben
C-COMMIT indication: an eine Untergebene ausgegeben
C-COMMIT response: von einer Untergebenen ausgegeben
C-COMMIT confirmation: an eine Vorgesetzte ausgegeben

Das bestätigte C-COMMIT-Dienstelement wird von einer Vorgesetzten benutzt, um eine Untergebene zur Durchführung des Commitments aufzufordern. Dieses Dienstelement kann nur dann aufgerufen werden, wenn die Untergebene zuvor das Commitment angeboten hat. Nach der Durchführung der Commitments beendet die Untergebene die Terminierungsphase durch die Ausgabe der Dienstprimitive C-COMMIT response.

6.5.6 Zurücksetzen

C-ROLLBACK request   von einer Vorgesetzten ausgegeben
C-ROLLBACK indication   an eine Untergebene ausgegeben
C-ROLLBACK response   von einer Untergebenen ausgegeben
C-ROLLBACK confirmation   an eine Vorgesetzte ausgegeben

Das bestätigte C-ROLLBACK-Dienstelement wird von einer Vorgesetzten benutzt um eine Untergebene zum Zurücksetzen einer Transaktion aufzufordern. Dieses Dienstelement kann jederzeit bis zum Aufruf von C-COMMIT benutzt werden. Nach dem Zurücksetzen der Transaktion beendet die Untergebene die Terminierungsphase durch die Ausgabe der Dienstprimitive C-ROLLBACK response.

6.5.7 Neustart

C-RESTART request   von einer Vorgesetzten ausgegeben
C-RESTART indication   an eine Untergebene ausgegeben
C-RESTART response   von einer Untergebenen ausgegeben
C-RESTART confirmation   an eine Vorgesetzte ausgegeben

Das bestätigte C-RESTART-Dienstelement kann sowohl von einer Vorgesetzten als auch von einer Untergebenen aufgerufen werden. Eine Anwendung dieses Dienstelements ist in zwei Fällen möglich:

1) Während des Normalbetriebs kann C-RESTART von einer Vorgesetzten oder einer Untergebenen benutzt werden, um die Transaktion auf einen definierten Punkt zurückzusetzten. Das Zurücksetzen führt hier nicht zum Abbruch der Transaktion, sondern die Transaktion wird von dem definierten Punkt aus fortgesetzt.

2) Nach einer Kommunikations- oder Anwendungsstörungen kann eine Vorgesetzte C-RESTART aufrufen, um das Recovery für die Transaktion zu initiieren.

In der Dienstprimitive C-RESTART request kann die rufende AE-Instanz einen Wiederaufsetzpunktparameter ('resumption point parameter') belegen. Der Parameter, der unverändert in der Dienstprimitive C-RESTART indication übergeben wird, kann die Werte ACTION, COMMIT und ROLLBACK annehmen. Der Parameter wird mit ACTION belegt, wenn die Untergebene die Transaktion auf einen definierten Punkt zurücksetzten soll. Er wird mit COMMIT bzw. ROLLBACK belegt, wenn die Untergebene das Commitment der Transaktion ausführen bzw. die Transaktion zurücksetzten soll.

6.6 DAS CCR-PROTOKOLL

Das CCR-Protokoll wird in /ISO84b/ genau spezifiziert. Hier wird
nur das Prinzip des Protokolls kurz erläutert. Abb. 6.4 zeigt die
wichtigsten der zwischen einer Vorgesetzten und einer
Untergebenen definierten Interaktionssequenzen.

Die in Abb. 6.4a dargestellten Raum-Zeit-Diagramme skizzieren
die Interaktionssequenzen, die für das Beteiligen einer neuen
AE-Instanz an einer atomaren Transaktion erforderlich sind. Nach
der Ausgabe der Dienstprimitive C-BEGIN request beginnt die
Verarbeitungsphase für den neuen Zweig der Transaktion. Während
der Verarbeitungsphase können beliebige, auf die spezielle
Anwendung zugeschnittene A-Protokolle benutzt werden. Diese
Protokolle sind nicht Teil der CCR-Standards. Durch die Ausgabe
einer Dienstprimitive C-PREPARE request wird für den Zweig die
Terminierungsphase eingeleitet.

Abb. 6.4b - 6.4d zeigen die in der Terminierungsphase definierten Interaktionssequenzen. Das in /ISO84b/ beschriebene Protokoll für die Terminierung einer atomaren Transaktion ist eine
Variation des von Gray /Gray78/ beschriebenen 2-Phasen-Commit-
Protokolls:

1. Phase:

- Alle an der Transaktion beteiligten AE-Instanzen außer der
  Master-Instanz teilen ihren Vorgesetzten mit, ob sie für die
  Transaktion das Commitment anbieten oder verweigern. Eine
  AE-Instanz kann nur dann das Commitment anbieten, wenn alle
  ihre Untergebenen bereits das Commitment angeboten haben. Das
  Commitment wird durch die Ausgabe der Dienstprimitive C-READY
  request angeboten (s. Abb. 6.4b und 6.4c). Eine AE-Instanz muß
  das Commitment verweigern, wenn wenigstens eine ihrer Untergebenen das Commitment verweigert hat. Das Commitment wird durch
  die Ausgabe der Dienstprimitive C-REFUSE request verweigert
  (siehe Abb. 6.4d).

Abb. 6.4. Interaktionssequenzen während des Initiierens und
Terminierens einer Transaktion

V/CCR-D ... Schnittstelle zwischen Vorgesetzte und CCR-Dienst
CCR-D/U ... Schnittstelle zwischen Untergebene und CCR-Dienst

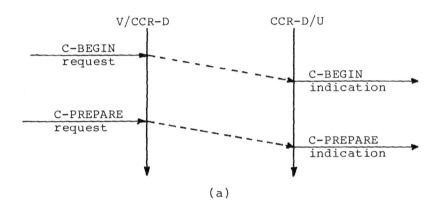

(a)

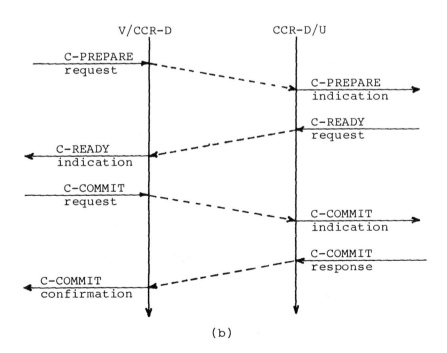

(b)

Fortsetzung Abb. 6.4

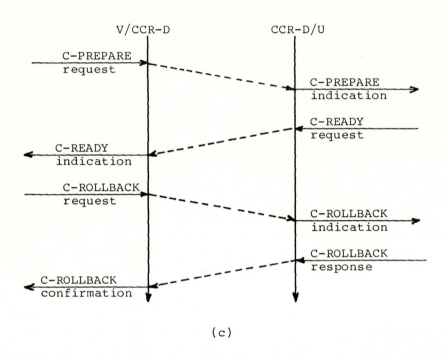

(c)

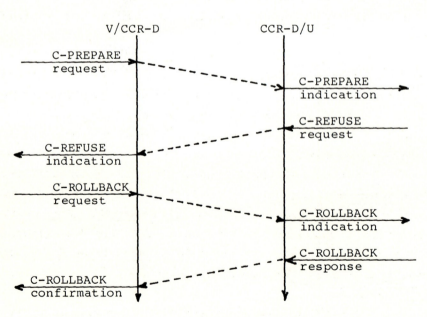

(d)

- Die Master-Instanz trifft die Entscheidung. Sie kann sich nur dann für das Commitment der Transaktion entscheiden, wenn alle ihre Untergebenen das Commitment angeboten haben. Sie muß sich für den Abbruch der Transaktion entscheiden, wenn wenigstens eine ihrer Untergebenen das Commitment der Transaktion verweigert hat.

2. Phase:

- Die Master-Instanz teilt ihren Untergebenen die getroffene Entscheidung mit. Bei einer Entscheidung für das Commitment ordnet sie bei allen Untergebenen das Commitment der Transaktion an. Dies geschieht durch die Ausgabe der Dienstprimitive C-COMMIT request für jede Untergebene (s. Abb. 6.4b). Hat sich die Master-Instanz für den Abbruch der Transaktion entschieden, so ordnet sie bei allen Untergebenen das Zurücksetzen der Transaktion an. Dies geschieht durch die Ausgabe der Dienstprimitive C-ROLLBACK request für jede Untergebene (s. Abb. 6.4c und 6.4d). Für die Master-Instanz ist die Terminierungsphase beendet, wenn für jede Untergebene die Dienstprimitive C-COMMIT confirmation bzw. eine C-ROLLBACK confirmation empfangen wurde.

- Eine AE-Instanz, die die Dienstprimitive C-COMMIT indication empfängt, ordnet bei allen Untergebenen das Commitment der Transaktion an. Nach der Durchführung des Commitments bestätigt die AE-Instanz das Commitment der Transaktion durch die Ausgabe der Dienstprimitive C-COMMIT response (s. Abb. 6.4b). Empfängt eine AE-Instanz C-ROLLBACK indication anstelle von C-COMMIT indication, so ordnet sie bei allen Untergebenen das Zurücksetzen der Transaktion an. Nachdem die AE-Instanz die Transaktion zurückgesetzt hat, bestätigt sie das Zurücksetzen der Transaktion durch die Ausgabe einer C-ROLLBACK response Dienstprimitive (s. Abb. 6.4c und 6.4d).

- Für eine AE-Instanz ist die Terminierungsphase und somit die Transaktion beendet, wenn für jede Untergebene C-COMMIT confirmation bzw. C-ROLLBACK confirmation empfangen wurde.

6.7 REGELN FÜR DAS RECOVERY UND DIE SYNCHRONISATION

Die Mechanismen für das Recovery und die Synchronisation sind Teil des CCR-Dienstes. Im CCR-Modell wird davon ausgegangen, daß die Recovery- und Synchronisationsmechanismen rein lokaler Natur sind, d.h. daß zur Durchführung von Synchronisation und Recovery keine Interaktionen zwischen Systemen notwendig sind. Diese (restriktive) Modellannahme wird im nächsten Abschnitt noch ausführlich diskutiert. Die CCR-Norm macht keine näheren Angaben über die Art dieser Mechanismen, sondern definiert lediglich eine Menge von Regeln, die von einer Implementierung erfüllt werden müssen. Im folgenden werden die wichtigsten dieser Regeln kurz beschrieben:

- Eine Implementierung muß sicher stellen, daß bis zum Commitment die gebundenen Daten einer atomaren Transaktion auf den Initialzustand S0 zurückgesetzt werden können.

- Wird das Commitment für eine atomare Transaktion angeboten, so muß die Implementierung in der Lage sein, die gebundenen Daten der Transaktion entweder im Initialzustand S0 oder im Endzustand S1 freizugeben.

- Eine Implementierung, die zum Zurücksetzen einer atomaren Transaktion aufgefordert wird, muß alle gebundenen Daten der Transaktion in den Initialzustand S0 zurücksetzen und anschließend alle Ressourcen der Transaktion freigeben.

- Eine Implementierung, die zum Durchführen des Commitments einer atomaren Transaktion aufgefordert wird, muß alle gebundenen Daten in den Endzustand S1 überführen und anschließend alle Ressourcen der Transaktion freigeben.

- Eine Implementierung muß sicherstellen, daß für eine atomare Transaktion A das Commitment nur dann durchgeführt wird, wenn

a) für alle anderen atomaren Transaktionen, die die gebundenen Daten von A vor der ersten Benutzung durch A geändert haben, das Commitment bereits durchgeführt wurde, und

b) die gebundenen Daten von A während der Benutzung durch A nicht von anderen atomaren Transaktion geändert wurden.

6.8 DISKUSSION

Der CCR-Standard der ISO definiert den Dienst und das Protokoll für die Synchronisation, das Commitment und das Recovery von flachen Transaktionen. Die im CCR-Dienst definierten Dienstelemente sind Teil des CASE-Standards, der (laut Definition) nur Dienstelemente definiert, die unabhängig von der Natur der Anwendung von Anwendungsprozessen zur Kommunikation in Offenen Systemen benötigt werden.

Im CCR-Modell wird angenommen, daß alle Recovery- und Synchronisationsmechanismen rein lokaler Natur sind. Diese Modellannahme führt zu einer wesentlichen Vereinfachung des CCR-Standards. Da bei der Durchführung von Synchronisation und Recovery (laut Modellannahme) keine Interaktionen zwischen Systemen (ISO Terminologie für Knoten) auftreten, muß der Standard weder für das Recovery noch für die Synchronisation Protokolle oder Dienstelemente definieren. Unglücklicherweise ist diese Modellannahme sehr restriktiv, so daß eine große Anzahl von Recovery- und Synchronisationsverfahren mit dem CCR-Modell nicht zu modellieren sind. Zum Beispiel sind in allen 2-Phasen-Sperrverfahren, die auf einem 'Primary Copy'-Ansatz (s. z.B. /Ston79/), 'Primary Site'-Ansatz (s. z.B. /Garc79/) oder 'Majority Consensus'-Ansatz (s. z.B. /Thom79/) beruhen, Interaktionen zwischen lokalen Systemen notwendig. In den auf dem T/O-Ansatz basierenden Synchronisationsverfahren ist z.B. für die Synchronisation lokaler Uhren (s. /Lamp78/) Kommunikation zwischen lokalen Systemen erforderlich.

Geht man von dieser restriktive Modellannahme ab, so gibt es im Prinzip zwei Möglichkeiten; entweder man standardisiert zusätzlich Dienstelemente und Protokolle für Recovery und Synchronisation, oder man beschränkt sich auf die Standardisierung von Dienstelementen und Protokollen für die Initiierung und Terminierung von Transaktionen. Die erste Möglichkeit erscheint angesichts der Vielzahl existierender Recovery- und Synchronisationsverfahren zumindest zum jetzigen Zeitpunkt wenig sinnvoll. Darüberhinaus ist die Frage zu stellen, ob es überhaupt sinnvoll ist, Dienstelemente für Recovery- und Synchronisation als Teil des CASE-Standards zu definieren, besonders im Hinblick darauf, daß die im CASE-Standard definierten Dienstelemente von der Natur der Anwendung unabhängig sein sollten.

Die im CCR-Standard definierten Dienstelemente unterstützen die Iniitiierung und die Terminierung von flachen Transaktionen, während die für die Migration von Transaktionen notwendigen Dienstelemente nicht Teil des CCR-Standards sind. Obwohl während der Terminierung einer Transaktion häufig 'one-to-many'-Kommunikationsmuster auftreten, unterstützen die CCR-Dienstelemente nur 'one-to-one'-Interaktionsformen. Zum Beispiel folgt die Propagierung des Commitments einer Transaktion einem 'one-to-many'-Muster: eine Vorgesetzte fordert alle ihre Untergebenen auf für die Transaktion das Commitment auszuführen. Zur Unterstützung dieses Musters definiert der CCR-Standard das C-COMMIT-Dienstelement. Durch einen Aufruf von C-COMMIT wird genau einer Untergebenen ein C-COMMIT indication ausgegeben, d.h. C-COMMIT muß für jede einzelne Untergebene gesondert aufgerufen werden. Dieses 'one-to-many'-Kommunikationsmuster würde viel besser durch ein Dienstelement unterstützt werden, das allen Untergebenen einer Vorgesetzten ein C-COMMIT indication ausgibt und darüberhinaus die Buchhaltung der Nachfolger übernimmt. Da die CCR-Dienstelemente nur eine 'one-to-one'-Interaktionsform unterstützen, müssen alle Buchhaltungsfunktionen von den AE-Instanzen selbst realisiert werden, was aus Gründen der Abstraktion, Sicherheit und Effizienz nicht immer wünschenswert ist. Der wohl schwererwiegende Nachteil ist, daß eine Implementierung des CCR-Dienstes eventuell bestehende Multicast- oder Broadcast-Dienste der darunterliegenden Schicht nicht benutzen kann, was unter Umständen einen hohen Effizienzverlust zur Folge hat. Da in der ISO Standardisierungsbestrebungen für Multicast- und Broadcast-Dienste im Gange sind (s. z.B. /ISO84c, ISO84d), kann damit gerechnet werden, daß solche Dienste in der Zukunft von einer Darstellungsschicht bereitgestellt werden.

Das im CCR-Standard spezifizierte Protokoll für die Terminierung von Transaktionen ist die einfachste Form eines 2-Phasen-Commit-Protokolls (Abk. 2PC-Protokoll). Da die Commit-Prozedur unter Umständen sehr oft ausgeführt wird (eventuell mehrere hundert mal pro Sekunde), sollte darauf geachtet werden, daß das 2PC-Protokoll hinsichtlich der benötigten Nachrichtentransfers und der durch die Nachrichtentransfers bedingten Verzögerungen optimal ausgelegt ist. Im folgenden werden einige Möglichkeiten aufgeführt, wie das im CCR-Standard spezifizierte 2PC-Protokoll einfach optimiert werden kann:

- Im CCR-Protokoll wird die Tatsache, daß AE-Instanzen, die nur Leseoperationen durchgeführt haben, also an der 2. Phase des Protokolls nicht teilnehmen müssen, nicht berücksichtigt. Bei einer Berücksichtigung dieser Tatsache können pro 'read only'-AE-Instanz mindestens zwei Nachrichtentransfers eingespart werden.

- Im CCR-Protokoll wird eine AE-Instanz, die durch einen Aufruf des C-REFUSE-Dienstelements das Commitment für eine Transaktion verweigert, vom Zurücksetzten der Transaktion explizit durch die Ausgabe der Dienstprimitive C-ROLLBACK indication benachrichtigt. Diese Benachrichtigung ist sinnlos, da eine AE-Instanz nach dem Aufruf von C-REFUSE sofort ihre Betriebsmittel freigeben kann. Da C-ROLLBACK ein bestätigtes Dienstelement ist, können mindestens 2 Nachrichtentransfers pro verweigernde AE-Instanz eingespart werden.

- Im CCR-Protokoll werden sämtliche Hierarchiestufen des Transaktionsbaums sequentiell durchlaufen, d.h. jede AE-Instanz kommuniziert nur mit ihrer direkten Vorgesetzten und ihren direkten Untergebenen. Zum Beispiel sendet die Master-Instanz die Commit-Benachrichtigung zu ihren direkten Untergebenen, die wiederum eine Commit-Benachrichtigung zu ihren direkten Untergebenen senden, und so weiter. Ist die Tiefe des Transaktionsbaums groß, so kann diese Strategie zu einer großen Anzahl von Nachrichtenverzögerungen führen. Geht man davon aus, daß die Prepare-Aufforderung von der Master-Instanz aus durch den gesamten Transaktionsbaum wandert, so kommt es während der Durchführung der Commit-Prozedur zu 4(N-1) Nachrichtenverzögerungen, wobei N die Tiefe des Transaktionsbaums bezeichnet. Kommuniziert stattdessen die Master-Instanz direkt mit allen anderen Teilnehmern des 2PC-Protokolls, so hat man einen Baum mit der Tiefe 2 und es kommt demnach nur zu 4 Nachrichtenverzögerungen. Aus diesem Grund kommuniziert in den meisten existierenden VTOS der Koordinator, der bei ISO durch die Master-Instanz repräsentiert wird, direkt mit allen Teilnehmeren des 2PC-Protokolls (s. z.B. ARGUS /Lisk84/, POREL /Walt84b/ oder TABS /Spec84/).

Dies sind nur einige Vorschläge zur Optimierung des CCR-Protokolls. Eine ausführliche Diskussion über die Effizienz von 2PC-Protokollen und Möglichkeiten diese zu verbessern ist z.B. bei Mohan und Lindsay /Moha83/ zu finden.

Der wichtigste Unterschied zwischen dem CCR-Dienst und dem von der TM-Komponente bereitgestellten Dienst (im folgenden als TMK-Dienst bezeichnet) ist, daß der TMK-Dienst im Gegensatz zum CCR-Dienst geschachtelte Transaktionen unterstützt. Ein weiterer wesentlicher Unterschied ist, daß der TMK-Dienst relativ komplexe Koordinierungs- und Buchhaltungsfunktionen realisiert, während der CCR-Dienst lediglich das Senden von Nachrichten von einer AE-Instanz zu einer anderen AE-Instanz ermöglicht und die Realisierung sämtlicher Koordinations- und Buchhaltungsfunktionen den AE-Instanzen überläßt. Zum Beispiel garantiert die von der TM-

Komponente angebotene Primitive AbortWork, daß unabhängig von Kommunikations- und Knotenstörungen für jeden Nachfolger der abgebrochenen Transaktion ein BACKOUT-Auftrag empfangen wird, während durch einen Aufruf des CCR-Dienstelements C-ROLLBACK lediglich die Dienstprimitive C-ROLLBACK indication an die im Aufruf spezifizierten AE-Instanz ausgegeben wird.

Der CCR-Standard ist in seiner jetzigen Form mit Sicherheit nicht geeignet, ein breites Spektrum transaktionsorientierter Anwendungen zu unterstützen. So werden beispielsweise Anwendungen, in denen Transaktionen geschachtelt sind, vom CCR-Standard nicht unterstützt. Wie in Kap. 4.6 bereits diskutiert wurde, reicht es sicherlich nicht aus, für alle transaktionsorientierten Anwendungen ein Protokoll und einen Dienst zu definieren. Vielmehr wird es notwendig sein, verschiedene CCR-Dienst- und CCR-Protokollklassen zu definieren, ähnlich wie dies in der Transportschicht geschehen ist.

7. AUSBLICK

In der vorliegenden Arbeit wurden Mechanismen und Konzepte für die Kommunikation in verteilten transaktionsorientierten Systemen erarbeitet. Es wurde ein Kommunikationskern beschrieben, der auf die Kommunikationsbedürfnisse transaktionsorientierter Systeme zugeschnittene Kommunikationsfunktionen realisiert. Die von der ATOK-Komponente des Kerns bereitgestellten Funktionen sind allgemein und flexibel genug, um damit eine Vielzahl unterschiedlicher Kommunikationsmuster effizient unterstützen zu können. Die von der TM-Komponente realisierten Mechanismen unterstützen die Initiierung, Migration und Terminierung von geschachtelten Transaktionen. Durch die Benutzung dieser relativ komplexen Mechanismen können Implementierungen vereinfacht und ihre Effizienz und Sicherheit erhöht werden.

Bei der Entwicklung der TM-Mechanismen wurden hauptsächlich die Anforderungen aus verteilten Datenbanksystemen, verteilten Betriebssystemen und verteilten Dateisystemen berücksichtigt. Bedingt durch den Trend zu verteilten Systemen mit hohen Benutzerschnittstellen und hohen Anforderungen an die Fehlertoleranz ist zu erwarten, daß in der Zukunft immer mehr Systeme transaktionsorientiert sein werden. Eine solche Entwicklung zeichnet sich jetzt schon im Bürobereich ab, wo viele Anwendungen von Natur aus transaktionsorientiert sind. Typische Beispiele aus dem Bürobereich sind CAD/CAM-Systeme, elektronische Post-Systeme, Dokumentenverarbeitungssysteme oder Kalendersysteme. Solche neuen Anwendungen stellen auch neue Anforderungen an die Transaktionsmodelle und Kommunikationsstrukturen, insbesondere dann, wenn solche Systeme zu multifunktionalen Systemen integriert werden, wenn also z.B. ein Benutzer innerhalb einer Transaktion die Dienste eines CAD/CAM-Systems, eines elektronischen Post-Systems und Kalendersystems benutzen kann. In /Walt85/ wird ein allgemeines Transaktionsmodell für multifunktionale Systeme beschrieben. In einer weiterführenden Arbeit sollte untersucht werden, welche Transaktionstypen und Kommunikationsstrukturen in solchen neuen Anwendungen auftreten. Anhand der aus einer solchen

Analyse gewonnen Ergebnisse sollte eine Klassifikation von transaktionsorientierten Anwendungen vorgenommen und für jede Klasse
eine Menge von Diensten und Protokollen entworfen werden. Aus
Effizienzgründen ist es sicher nicht sinnvoll, für alle transaktionsorientierten Anwendungen einen einzigen Satz sehr allgemeiner und flexibler Dienste und Protokolle bereitzustellen.

Da bisher noch kein Konsens darüber besteht, welche Recovery-
und Synchronisationskonzepte für verteilte Systeme am besten
geeignet sind, realisiert der Kern weder Mechanismen
für das Recovery noch Mechanismen für die Synchronisation. Es
ist jedoch zu erwarten, daß sich im Laufe der Zeit ähnlich wie
bei den zentralen Systemen einige 'Standardkonzepte' heraus-
kristallisieren werden. Sind einmal solche 'Standards' vorhanden,
so sollte der Kern um Mechanismen, die das Recovery und die
Synchronisation in verteilten transaktionsorientierten Systemen
unterstützen, erweitert werden.

Die Protokolle für die Migration, Terminierung und das Erkennen
von Waisen wurden nur informal beschrieben. Um absolute Sicherheit über die Korrektheit der Protokolle zu gewinnen, sollten sie
formal spezifiziert und verifiziert werden.

Seit Anfang 1986 steht eine Prototypversion des Kerns zur Verfügung. Als nächster Schritt ist geplant, einige Anwendungen auf
diesem Prototyp zu implementieren. Dabei soll der Kern hinsichtlich der Einfachheit, mit der sich diese Anwendungen realisieren
lassen, und hinsichtlich der Effizienz dieser Anwendungen bewertet werden. Insbesondere soll untersucht werden, wie einfach und
effizient sich die verschiedenen Recovery- und Synchronisa-
tionsmethoden auf der Kernschnittstelle realisieren lassen.

Es ist geplant, einige der in dieser Arbeit vorgestellten Kommunikationskonzepte im Rahmen des am Institut für Informatik der
Universität Stuttgart durchgeführten Projektes PROSPECT (PRoces-
sor Organization Supporting Parallel Execution in Complex Transactions) /Reut87/ anzuwenden. Die Ziele von PROSPECT sind der

Entwurf, die Implementierung und die Analyse von Parallelrechner-
Architekturen für Hochleistungsdatenbanksysteme in Anwendungsbereichen, die zur Zeit noch nicht oder nur sehr unvollkommen
durch Datenbanken unterstützt werden. Die wichtigsten dieser
Bereiche sind Computer Aided Design, Computer Integrated Manu-
facturing und deduktive Datenbanken als Basis für Experten-
systeme. Es ist zu erwarten, daß im Rahmen von PROSPECT weitere
wichtige Erfahrungen in der Realisierung komplexer Anwendungen
auf der Basis er erarbeiteten Kommunikationskonzepte gemacht
werden können.

LITERATURVERZEICHNIS

/Allc83/   Allchin, J.E., "An Architecture for Reliable Decentra-
lized Systems", Technical Report GIT-ICS-83/23, School
of Information and Computer Science, Georgia Institute
of Technology, 1983.

/Andl81/   Andler, S., et al., "System D: A Distributed System
for Availability", IBM Research Report RJ 3313, San
Jose, 1981.

/Balz71/   Balzer, R.M., "Ports - A Method for Dynamic
Interprogram Communication and Job Control", Proc.
AFIPS Spring Jt. Comp. Conf., Vol. 38, AFIPS Press,
1971.

/Bern80/   Bernstein, P.A., Goodman, N., "Timestamp Based
Algorithms for Concurrency Control in Distributed
Database Systems", Proc. 6th Int. Conf. Very Large
Data Bases, 1980.

/Bern81/   Bernstein, P.A., Goodman, N., "Concurrency Control in
Distributed Database Systems", ACM Computing Surveys,
13:2, 1981.

/Birr82/   Birell, A.D., et al., "Grapevine: An Exercise in
Distributed Computing", Commun. of the ACM, 15:4,
1982.

/Borr81/   Borr, A.J., "Transaction Monitoring in ENCOMPASS:
Reliable Distributed Transaction Processing", Proc.
Int. Conf. on Very Large Data Bases, 1981.

/BrHa78/   Brinch Hansen, P., "Distributed Processes: A Concurrent Programming Concept", Commun. of the ACM,
12:11, 1978.

/Brit80/   Britton, D.E., Stickel, M.E., "An Interprocess Communication Facility for Distributed Applications",
Proc. Distributed Computing, COMPCON Fall 80 (IEEE),
1980.

/Ceri83/   Ceri, S., Owicki, S., "On the Use of Optimistic
Methods for Concurrency Control in Distributed
Databases", Proc. 6th Int. Conf. on Distributed Data
Mangement and Computer Networks, 1983.

/Chan83/   Chan, A., et al., "Overview of the ADA Compatible Distributed Database Manager", Proc. ACM SIGMOD 83, 1983.

/Chap82/   Chapin, A.L., "Connectionless Data Transmission", ACM
Computer Communication Review, 12:2, 1982.

/Cook80/   Cook, R.P., "MOD - A Language for Distributed
            Programming", IEEE Trans. on Software Engineering,
            6:6, 1980.

/Cyps78/   Cypser, R.J., "Communications Architectures for Dis-
            tributed Systems", Reading, Mass.: Addisson-Wesley,
            1978.

/Davi78/   Davis, C.T.,"Data Processing Spheres of Control", IBM
            Systems Journal, 17:2,1978.

/Dupp85/   Duppel, N., "Implementierung der Port-Verwaltung und
            der 'Low-Level'-Kommunikationsfunktionen eines trans-
            aktionsorientierten Kommunikationssystems", Diplom-
            arbeit Nr. 374, Institut für Informatik der
            Universität Stuttgart, 1985.

/Eswa76/   Eswaran, K.P., et al.," The Notions on Consistency and
            Predicate Locks in a Database System", Commun. of the
            ACM, 19:11, 1976.

/Garc79/   Garcia-Molina, H., " Centralized Control Update
            Algorithms for Fully Redundant Distributed Databases",
            Proc. 1st. Int. Conf. on Distributed Computing
            Systems (IEEE), 1979.

/Gray78/   Gray, J., "Notes on Database Operating Systems", in:
            "Operating Systems: An Advanced Course", Lecture Notes
            in Computer Science 60, Springer Verlag, 1978.

/Gray80/   Gray, J., "A Transaction Model", IBM Research Report
            RJ2895, IBM Research Laboratory, San Jose, 1980.

/Habe85/   Haberhauer, F., "Entwurf und Implementierung von
            Mechanismen zur Überwachung der Verfügbarkeit lokaler
            und entfernter Prozesse", Studienarbeit Nr. 435,
            Institut für Informatik der Universität Stuttgart,
            1985.

/Härd79/   Härder, T., "Die Einbettung eines Datenbanksystems in
            eine Betriebssystemumgebung", in: Datenbanktechno-
            logie, J. Niedereichholz (ed.), Tagungsband II/1979
            German Chapter of the ACM, B.G. Teubner Verlag, 1979.

/Härd83/   Härder, T., Reuter, A., "Principles of Transaction-
            Oriented Database Recovery", ACM Computing Surveys,
            15:4, 1983.

/Härd84/   Härder, T., Peinl, P., "Evaluating Multiple Server
            DBMS in General Purpose Operating System
            Environments", Proc. 10th Int. Conf. on Very Large
            Data Bases, 1984.

/Hamm80/   Hammer, M.M., Shipman, D.W. , "Reliability Mechanisms
            for SDD-1: A System for Distributed Database Systems",

           ACM Trans. on Database Systems, 5:4, 1980.

/Hoar78/   Hoare, C.A.R., "Communicating Sequential Processes", Commun. of the ACM, 21:8, 1978.

/ISO83/   "Information Processing Systems - Open Systems Inter-connection - Basic Reference Model", ISO/TC97/SC16/IS7498, 1983.

/ISO84a/   "Information Processing - Open Systems Interconnection - Definition of Common Application Service Elements - Part 3: Commitment, Concurrency and Recovery", ISO/TC79/SC21/DP8649/3, 1984.

/ISO84b/   "Information Processing - Open Systems Interconnection - Specification of Protocols for Common Application Service Elements - Part 3: Commitment, Concurrency and Recovery", ISO/TC79/SC21/DP8650/3, 1984.

/ISO84c/   "Contribution on N-Way, Broadcast, etc. (Q19)", ISO/TC97/SC16/WG1/N257, 1984.

/ISO84d/   "Need for Work on Architecture of N-Way Data Transmission", ISO/TC97/SC16/WG1/N1827, 1984.

/Jens74/   Jensen, K., Wirth, N., "PASCAL User Manual and Report", Springer Verlag, 1974.

/Jess82/   Jessop, W.H., et al., "The EDEN Transaction Based File System", Proc. 2nd Symp. on Reliability in Distributed Software and Database Systems, 1982.

/Jone79/   Jones, A.K., et al., "StarOS, a Multiprocessor Operating System for the Support of Task Forces", Proc. 7th ACM Symp. on Operating System Principles, 1979.

/Kohl81/   Kohler, W.H., "A Survey of Techniques for Synchroniza-tion and Recovery in Dezentralized Computer Systems", ACM Computing Surveys, 13:2, 1981.

/Kort83/   Korth, H.F., "Locking Primitives in a Database System", Journal of the ACM, 30:1, 1983.

/Kung81/   Kung, H.T., Robinson, J.T., "On Optimistic Methods for Concurrency Control", ACM Trans. on Database Systems, 6:2, 1981.

/Lamp78/   Lamport, L., "Time, Clocks and the Ordering of Events in a Distributed System", Commun. of the ACM, 21:7, 1978.

/Lamp81a/   Lampson, B., "Atomic Transactions", in: Advanced Course on Distributed Systems - Architecture and Implementation, B.W. Lampson, M. Paul und H.J. Siegert (ed.), Lecture Notes in Computer Science 105, Springer Verlag, 1981.

/Lamp81b/ Lampson, B.W., "Ethernet, Pup and Violet", in: An Advanced Course on Distributed Systems - Architecture and Implementation, B.W. Lampson, M. Paul und H.J. Siegert (ed.), Lecture Notes in Computer Science No. 105, Springer Verlag, 1981.

/Lind79/ Lindsay, B.G., et al., "Notes on Distributed Databases", IBM Research Report RJ2571 (33471), IBM Research Laboratory, San Jose, 1979.

/Lind84/ Lindsay, B.G. et al., "Computation and Communication in R*: A Distributed Database Mangager", ACM Trans. on Computer Systems, 2:1, 1984.

/Lisk79/ Liskov, B., "Primitives for Distributed Computing", Proc. 7th ACM Symposium on Operating Systems Principles, 1979.

/Lisk81/ Liskov, B., et al., "CLU Reference Manual", Lecture Notes in Computer Science 114, Springer Verlag, 1981.

/Lisk82/ Liskov, B., Schleifer , R.,"Guardians and Actions: Linguistic Support for Robust, Distributed Programs", Proc. 9th ACM SIGACT-SIGPAN Symp. on the Principles on Programming Languages, 1982.

/Lisk84/ Liskov, B., "The ARGUS Language and System", Programming Methodology Group Memo 40, M.I.T., Laboratory of Computer Science, 1983.

/Lome79/ Lomet, D.B., "Coping with Deadlock in Distributed Systems", IFIP TC-2 Working Conference on Database Architecture, 1979.

/Lori77/ Lori, R.A., "Physical Integrity in a Large Segmented Database", ACM Trans. on Database Systems, 2:1, 1977.

/Mena79/ Menasce, D.A., Muntz, R., "Locking and Deadlock Detection in Distributed Data Bases", IEEE Trans. on Software Engineering, 5:3, 1979.

/Metc76/ Metcalfe, R.M., Boggs, D.R., "Ethernet: Packet Switching for Local Computer Networks", Commun. of the ACM, 19:7, 1976.

/McQu77/ MacQuillan, J.M., Walden, D.C., "The ARPA Network Design Decisions", Computer Networks, Vol. 1, 1977.

/Moha81/ Mohan, C., Silberschatz, A., "A Perspective of Distributed Computing: Languages, Issues & Applications", Advances in Distributed Processing Management, Vol. 2, Heyden & Son Publishing Co., 1981.

/Moha83/   Mohan, C., Lindsay B., "Efficient Commit Protocols for
            the Tree of Process Model of Distributed Trans-
            actions", IBM Research Report RJ3881, IBM Research
            Laboratory, San Jose, 1983.

/Moss81/   Moss, J.E.B., "Nested Transactions: An Approach to
            Reliable Computing", M.I.T Report MIT/LCS/TR-260,
            M.I.T., Laboratory of Computer Science, 1981.

/Muel83/   Mueller E.T., et al., "A Nested Transaction Mechanism
            in LOCUS", Proc. 9th ACM Symposium on Operating
            Systems Principles, 1983.

/Neuh82/   Neuhold, E.J., Walter, B., "An Overview of the Archi-
            tecture of the Distributed Database System POREL",
            Distributed Databases, H.J. Schneider (ed.), North-
            Holland, 1982.

/Ober82/   Obermarck, R., "Distributed Deadlock Detection
            Algorithm", ACM Trans. on Database Systems, 7:2, 1982.

/Papa77/   Papadimitriou, C.H., et al., "Some Computational
            Problems Related to Database Concurrency Control",
            Proc. Conf. on Theoretical Computer Science, 1977.

/Papa79/   Papadimitriou, C.H., "Serializability of Concurrent
            Updates", Journal of the ACM, 26:4, 1979.

/Pope78/   Popek, G.J., Kline, C.S., "Issues in Kernel Design",
            Operating Systems: An Advanced Course, Lecture Notes
            in Computer Science 60, Springer Verlag, 1978.

/Rash81/   Rashid, R., Robertson, G., "Accent: A Communication
            Oriented Network Operating System Kernel", Proc. of
            the 8th ACM Symp. on Operating Systems Principles,
            1981.

/Reed78/   Reed, D.P., "Naming and Synchronization in a Decentra-
            lized Computer System", M.I.T. Report MIT/LCS/TR-205,
            M.I.T., Laboratory of Computer Science, 1978.

/Reed83/   Reed, D.P., "Implementing Atomic Actions on Decentra-
            lized Data", ACM Trans. on Computer Systems, 1:1,
            1983.

/Reut82/   Reuter, A., "Concurrency on High-Traffic Data Ele-
            ments", ACM Symp. on Principles on Database Systems,
            1982.

/Reut87/   Reuter, A., "PROSPECT: Ein System zur effizienten
            Bearbeitung komplexer Transaktionen durch Parallel-
            verarbeitung", Proc. GI-Fachtagung Datenbanksysteme in
            Büro, Technik und Wissenschaft, 1987.

/Rose78/   Rosenkrantz, D.J., et al., "System Level Concurrency
            Control for Distributed Database Systems", ACM Trans.
            on Database Systems, 3:2, 1978.

/Roth84a/   Rothermel, K., "A Communication Model for Transaction
            Oriented Applications in Distributed Systems", Proc.
            17th Hawaii International Conference on System Scien-
            ces, Honolulu, 1984.

/Roth84b/   Rothermel, K., Walter, B., "A Kernel for Transaction
            Oriented Communication in Distributed Database
            Systems", Proc. IEEE Conf. on Distributed Computing
            Systems, San Fransisco, 1984.

/Roth84c/   Rothermel, K., "Communication Primitives Supporting
            the Execution of Atomic Actions at Remote Sites",
            Proc. ACM SIGCOMM 84 - Symp. on Communications
            Architectures and Protocols, Montreal, 1984.

/Roth85a/   Rothermel, K., "Communication Primitives Supporting
            the Execution of Distributed Transactions", Proc. 18th
            Hawaii Int. Conf. on System Sciences, Honolulu, 1985.

/Roth85b/   Rothermel, K., "Communication Support for Distributed
            Database Systems", Proc. Konf. Kommunikation in Ver-
            teilten Systemen (GI/NTG), Karlsruhe, 1985.

/Roth86/   Rothermel, K., Walter, B., "Betriebssystemkonzepte
            für   verteilte   Datenbanksysteme",   Proc.   GI-
            Jahreskonferenz, Berlin, 1986.

/Roth87/   Rothermel, K., "Functional Port Classes: A Com-
            munication Concept for Distributed Transaction-
            Oriented Systems", IBM Research Report RJ5543 (56567),
            IBM Almaden Research Center, San Jose, 1987 (zur
            Veröffentlichung eingereicht).

/Rotn80/   Rothnie, J.B., et al., "Introduction to a System for
            Distributed Databases (SDD-1)", ACM Trans. on Database
            Systems, 5:1, 1980.

/Salt81/   Saltzer, J.H., Reed, D.P., Clark, D.D., "End-to-End
            Arguments in Systems Design", Proc. 2nd Int. Conf. on
            Distributed Computing Systems, 1981.

/Shoc78/   Shoch, J.F., "Inter-Network Naming, Addressing and
            Routing", Proc. COMPCON Spring 78, 1978.

/Schi85/   Schiele, G., "Entwicklung der Pufferverwaltung eines
            transaktionsorientierten Kommunikationssystems", Stu-
            dienarbeit Nr. 423, Institut für Informatik der
            Universität Stuttgart, 1985.

/Schw83/   Schwarz, P.M., Spector, A.Z., "Synchronizing Shared
            Abstract Types", Carnegie-Mellon Report CMU-CS-83-163,

Carnegie-Mellon University, 1983.

/Schw84/   Schwarz, P.M., "Transactions on Typed Objects",
            Carnegie-Mellon Report CMU-CS-84-166, Carnegie-Mellon
            University, 1984.

/Skee81/   Skeen, D., "Nonblocking Commit Protocols", Proc. ACM
            Int. Conf. on Management of Data, 1981.

/Spec84/   Spector, A.Z., et al., "Support for Distributed Trans-
            actions in the TABS Prototype", Carnegie-Mellon Report
            CMU-CS-84-132, Carnegie-Mellon University, 1984.

/Stea76/   Stearns, R.E., et al., "Concurrency Controls for Data-
            base Systems", Proc. 17th Symp. Foundations Computer
            Science (IEEE), 1976.

/Ston77/   Stonebraker, M., Neuhold, E.J., "A Distributed Data-
            base Version of INGRES", Proc. 2nd Berkeley Workshop
            on Distributed Databases and Computer Networks, 1977.

/Ston79/   Stonebraker, M., "Concurrency Control and Consistency
            of Multiple Copies of Data in Distributed INGRES",
            IEEE Trans. on Software Engineering, 5:3, 1979.

/Stur80/   Sturgis, H., et al., "Issues in the Desing and Use of
            a Distributed File System", ACM Operating Systems
            Review, 14:3, 1980.

/Tane81a/   Tanenbaum, A. S., Mullender, S., "An Overview of the
            AMOEBA Distributed Operating System", ACM Operating
            Systems Review, 15:3, 1981.

/Tane81b/   Tanenbaum, A.S., "Computer Networks", Prentice-Hall,
            Englewood Cliffs, 1981.

/Tari79/   Tarini, F., et al., "A Network System Language", Proc.
            1st Int. Conf. on Distributed Computing Systems, 1979.

/Terr83/   Terry, D.B., Andler, S., "The COSI Communication
            Subsystem: Support for Distributed Office Applica-
            tions", IBM Research Report RJ 4006 (45054), IBM
            Research Laboratory, San Jose, 1983.

/Thom76/   Thomas, R.H., Schaffner, S.C., "MSG: The Interprocess
            Communication Facility of the National Software
            Works", Bolt, Beranek and Newman Inc., Report No.
            3483, 1976.

/Thom79/   Thomas, R.H., "A Majority Consensus Approach to Con-
            currency Control", ACM Trans. on Database Systems,
            4:3, 1979.

/Verh78/   Verhofstad, J.S.M., "Recovery Techniques For Database
            Systems", ACM Computing Surveys, 10:2, 1978.

/Walt82/   Walter, B., "A Robust and Efficient Protocol for
             Checking the Availability of Remote Sites", Computer
             Networks, 6:3, 1982.

/Walt84a/   Walter, B., Rothermel, K., "Services for Supporting
             Application Layer Protocols for Distributed Database
             Systems", in: Information Technology and the Computer
             Network, K.G. Beauchamp (ed.), Computer and System
             Science, Springer Verlag, Vol. 6, 1984.

/Walt84b/   Walter, B., Neuhold E.J., "POREL: A Distributed Data-
             base System", C. Mohan (ed.), Recent Advances in
             Distributed Database Management, IEEE Press, 1984.

/Walt84c/   Walter, B., "Some Thougths on Communication in
             Distributed Database Systems", Proc. ICC, 1984.

/Walt85/   Walter, B., "Betriebssystemkonzepte für fortgeschrit-
             tene Informationssysteme", Habilitationsschrift,
             Institut für Informatik der Universität Stuttgart,
             1985.

/Weck80/   Wecker, S., "DNA: the Digital Network Architecture",
             IEEE Trans. on Communication, COM-28, 1980.

/Will82/   Williams, R., et al., "R*: An Overview of the
             Architecture", IBM Research Report RJ3325, IBM
             Research Laboratory, San Jose, 1981.

/Zell85/   Zeller, H., "Entwicklung von Kommunikationsfunktionen
             für geschachtelte Transaktionen", Diplomarbeit Nr.
             375, Institut für Informatik der Universität
             Stuttgart, 1985.